青少年趣味编程丛书

图解编程

从编程基础到

Scratch

项目实践

陶双双 ◎ 编著

电子工业出版社

Publishing House of Electronics Industry

北京 · BEIJING

图书在版编目（CIP）数据

图解编程：从编程基础到 Scratch 项目实践 / 陶双双编著 . —北京：电子工业出版社，2021.3

（青少年趣味编程丛书）

ISBN 978-7-121-40685-0

Ⅰ.①图…　Ⅱ.①陶…　Ⅲ.①程序设计－青少年读物　Ⅳ.① TP311.1-49

中国版本图书馆 CIP 数据核字（2021）第 039011 号

责任编辑：刘　芳
印　　刷：天津千鹤文化传播有限公司
装　　订：天津千鹤文化传播有限公司
出版发行：电子工业出版社
　　　　　北京市海淀区万寿路 173 信箱　　邮编：100036
开　　本：787×1092　1/16　印张：13.5　　字数：242 千字
版　　次：2021 年 3 月第 1 版
印　　次：2021 年 3 月第 1 次印刷
定　　价：69.80 元

凡所购买电子工业出版社图书有缺损问题，请向购买书店调换。若书店售缺，请与本社发行部联系，联系及邮购电话：（010）88254888，88258888。

质量投诉请发邮件至 zlts@phei.com.cn，盗版侵权举报请发邮件至 dbqq@phei.com.cn。

本书咨询联系方式：（010）88254507，liufang@phei.com.cn。

编委会

参与编写：王 戈　梁 晶　王俊华

刘 莹　于欣雨　郭 荣

序

PREFACE

信息技术的发展在历经数字化、网络化阶段以后，正在向着智能化时代迈进，新时代对未来人才提出了新的要求。以信息意识、计算思维、数字化学习与创新、信息社会责任为核心要素的信息素养是所有学生都需要具备的基本素养。具备了信息素养的学生能够在真实的综合的复杂情景中，快速感知和发现问题，能利用计算机学科的思想和方法，抽象出问题的特征，构建出问题模型，设计出有效的算法，运用数字化知识和工具去创造性地解决问题。

新课程立足于学生解决实际问题能力的提升，提倡在教学实践中为学生提供更多真实的情境，让学生有机会面临众多的冲突，经历各种迷茫和挫折，不断努力尝试之后体验到解决问题和挑战自我的乐趣。这本书通过游戏项目开发，带领学生从理解问题开始，经过体验、分析、思考、探究、调试等，像一名小软件工程师一样，亲身体验项目开发的全过程，从而获得分析和解决问题的能力和意志品质。

本书的编者团队很早就开始在教学中实践项目式编程教学、混合式学习等，举办了多次教学研究课。在 2019 年完成了北京市朝阳区"基于初中生计算思维能力培养的项目教学实践研究""十三五"课题项目，并把研究成果融入本书中。

本书以大家熟知的"俄罗斯方块游戏"为载体，介绍如何从大到小、从总体到局部地完成项目的分解和设计，介绍了如何给一个模块功能绘制流程图，如何编写程序、调试程序等。在项目完成过程中，学生能够对用到的指令和编程技巧进行重点学习，实现让知识服务于问题解决，服务于学生的能力提升。

随着游戏项目的开发，学生的收获不止于对一些编程指令的掌握，他们将深切地体验到应用计算机解决问题的一般过程，同时领悟到其中的思想和方法。也希望本书能对义务教育阶段的信息技术教学提供一些有益的启发。

王振强

前言
PREFACE

本人近几年之所以一直致力于青少年编程教学和课程设计，主要原因是在教学过程中看到了学生们在学习过程中的收获，发现了编程在促进学生思维提升方面的独特魅力。

低龄段小学生的表现尤为明显，孩子们从起初说不明白自己的问题，到能将每个问题描述得比较清楚，再到能具体描述和分解每个角色的每个动作，能利用指令和流程控制去实现功能，以及编程出现问题后能逐步地倒推和分析……可以看出，孩子们的逻辑思维能力在一点一滴地提升，并不断趋于严谨。

一、编程学习过程中的共性问题

1. 语言表达不精确。遇到问题时不知道如何描述，或者描述不具体、不清楚。说明孩子的思维不清晰，抽象能力有待提高。

2. 问题分解能力欠缺。面对问题时不知所措，无从下手，不知道如何将大问题逐层分解为小问题。而孩子们通常习惯于老师事先将大任务分解好，再去完成一个又一个小任务。但是，问题分解能力却是至关重要的。

3. 问题推理能力欠缺。当程序未达到预期效果时，不能从现有结果出发，根据程序流程去反推可能出错的指令块，从而快速聚焦到问题的关键。而更多的情况是等待老师给予帮助。

4. 问题优化策略不够。找到一个解决问题的方案后，或者当一个问题解决后，不会主动思考如何优化方案，或寻找更好的解决方法。

5. 程序调试过程中缺乏耐心和探索精神。有的孩子刚开始对编程很感兴趣，但遇到困难就直接放弃，不愿意再尝试。也有的孩子往往满足于一种方案，对其他方案缺乏好奇心和探索精神。

二、有关本书的几个预设

基于上述几个问题，本书在撰写过程中，重点考虑如下几个方面。

1. 以"俄罗斯方块游戏"为载体，贯穿项目开发全过程。

俄罗斯方块游戏是一款经典游戏，其规则简单，规模中等，功能模块较多，涵盖的知识点多，适合作为综合大项目。章节安排按照软件项目的开发流程，分"需求分析—项目设计—编程实现—功能测试"4个环节，让读者的注意力不仅仅在算法实现上，而能够经历从项目的需求分析到总体设计，使读者不仅能够学习分析和设计的方法，还能够建立整体化、系统化的思维方法。

2. 在"需求分析和项目设计"环节重视问题抽象和分解能力。

当面对问题不知所措时，可以通过多次阅读来理解问题，用思维导图工具进行层层分解，将问题剖析清楚。这种分解的分析图自然而然成了模块设计的基础，然后在此基础上进行界面设计、功能设计、流程设计等。

3. 在"编程实现"环节重视算法设计能力。

这里所说的编程是指"插电编程"，即打开计算机，用编程软件编写、运行和调试程序，直到实现预期效果。还有一种编程，叫作"不插电编程"，即用语言或者图示设计出具体的实现步骤，也叫"算法设计"。

如果是编写一些小的程序，对于编程达人来说，"算法设计"很可能在头脑中实现了，但对于新手来说，建议多重视算法设计，在纸上或者利用专门的软件（参考附录A）绘制流程图。因为，"编写指令"仅仅是编程的一个环节，"算法设计"更重要。

4. 在"功能测试"环节重视调试和分析能力。

编程高手和新手的明显区别是：高手在遇到问题时，能够根据程序运行的效果很快地定位到出现问题的指令块，逐步回退分析，尽快调试并解决问题。所以，调试与分析能力非常重要。

三、本书结构

在本书绪论部分纲领性地介绍了编程的全过程，帮助学生建立整体概念。第1章简要介绍了图形化编程软件 Scratch 的工作界面。从第2章开始，先提出项目（游戏），学生通过描述游戏功能、确定游戏规则等来理解项目；接着通过设计角色、分解角色动作、抽象项目模块等，对游戏进行整体设计，并以此为依据，准备各种素材；然后进入编程实现阶段，从实现一个方块的随机出现、下落、移动、切换造型，到多个方块出现、满行消行、得分统计等，从易到难，循序渐进，逐步完成游戏的设计、编程、调试、完善和优化与迭代。

1. 项目需求分析：绪论至第 2 章。

2. 项目总体设计：第 3 章和第 4 章。

3. 项目编程实现：第 5 章至第 9 章。

4. 项目测试与完善：第 10 章和第 11 章。

四、致谢

本书能够顺利出版，首先要感谢研究生导师陈晓慧女士，陈老师致力于教育技术学理论研究及教学系统开发和媒体文化研究，尤其对于中小学人工智能教育和 STEM 教学有系统研究，对我的教学研究方向和本书的结构给予了关键性指导。

其次要感谢我的伙伴们——朝阳区教研中心的王戈老师，陈经纶分校的王俊华老师、三里屯中学的梁晶老师，他们教学认真，热爱学生，我们经常一起交流教学心得，共同提高。

再次要感谢书稿中的两位漫画设计者，一位是我的女儿于欣雨，另一位是未来的幼儿老师郭荣，她们两位都是在读大学生，新型冠状病毒肺炎疫情期间在家上网课的同时，帮助我完成了书稿中所有漫画的创意设计和绘制。

最后要感谢我的父母，父母健硕的体质、乐观勤劳的人生态度，使我可以全身心地撰写书稿；感谢我的丈夫和女儿，对于我工作和学习中的很多想法，都无条件地肯定、鼓励和支持！

感谢你们！今后我将继续踏实做事，用心研究，一切都将因平淡而更加美好！

陶双双

2020 年 11 月

目 录

CONTENTS

绪论 认识编程全过程...1

  0.1 什么是编程？...2

    0.1.1 什么是程序？...2

    0.1.2 编程基本过程...3

  0.2 如何学习编程？...6

    0.2.1 学习算法设计...6

    0.2.2 学习编程语言...9

    0.2.3 学习数据结构..10

    0.2.4 了解内存结构..13

  本章小结...16

  问与答...16

第1章 初识 Scratch 编程...19

  1.1 Scratch 介绍...20

    1.1.1 Scratch 简介..20

    1.1.2 编程热身..20

  1.2 Scratch 基本约定...22

    1.2.1 位置约定..22

    1.2.2 方向约定..23

    1.2.3 读取位置和方向数值的指令................................26

  1.3 Scratch 流程控制...27

    1.3.1 顺序结构..27

    1.3.2 选择结构..27

    1.3.3 循环结构..30

本章小结 32

问与答 32

第2章 "俄罗斯方块游戏"需求分析 33

2.1 构思游戏功能 34

    2.1.1 广泛借鉴 34

    2.1.2 形成想法 35

2.2 确定游戏规则 36

    2.2.1 描述游戏功能 36

    2.2.2 确定游戏规则 37

2.3 游戏角色分析 38

    2.3.1 方块角色分析 38

    2.3.2 其他角色分析 39

    2.3.3 呈现分析结果 41

2.4 认识角色造型 42

    2.4.1 角色造型 42

    2.4.2 造型中心点 43

本章小结 48

问与答 48

第3章 "俄罗斯方块游戏"总体设计 49

3.1 游戏总体设计 50

    3.1.1 功能模块设计 50

    3.1.2 人机交互设计 51

3.2 基本元素设计 54

    3.2.1 界面设计 55

    3.2.2 造型设计 56

    3.2.3 变量设计 56

    3.2.4 变量类型 57

本章小结 62

问与答 62

第 4 章　"俄罗斯方块游戏"素材准备 63

4.1　绘制游戏界面 64

4.1.1　绘制说明界面 64

4.1.2　绘制网格界面 67

4.1.3　建立结束界面 74

4.2　建立角色造型 75

4.2.1　绘制 L 造型 75

4.2.2　建立其他方块 77

本章小结 80

问与答 80

第 5 章　编程实现——方块随机出现 81

5.1　方块对齐网格 82

5.1.1　界面切换 82

5.1.2　方块设置 84

5.2　方块随机出现 87

5.2.1　关联知识 87

5.2.2　编程实现 89

本章小结 93

问与答 93

第 6 章　编程实现——方块逐格下落 95

6.1　正常速度下落 96

6.1.1　分析与设计 96

6.1.2　关联知识 97

6.1.3　编程实现 99

6.1.4　运行程序 100

6.2　改变下落速度 103

6.2.1　分析与设计 103

6.2.2　关联知识 103

6.2.3　编程实现 107

6.2.4　程序段复用 108

本章小结 110

问与答 110

第 7 章　编程实现——左右移动及造型切换 111

7.1　方块左右移动 112

7.1.1　分析和设计 112

7.1.2　编程实现 113

7.1.3　测试程序 115

7.2　方块造型切换 116

7.2.1　分析与设计 116

7.2.2　编程实现 118

7.3　程序综合测试 119

7.3.1　造型越界问题 120

7.3.2　CPU 执行过程 121

本章小结 126

问与答 126

第 8 章　编程实现——下一个方块出现 127

8.1　方块下落的穿越问题 128

8.1.1　分析和设计 128

8.1.2　编程实现 130

8.2　下一个方块出现 134

8.2.1　分析与设计 134

8.2.2　编程实现 135

8.3　下一个方块预先显示 137

8.3.1　分析与设计 137

8.3.2　编程实现 137

8.3.3　测试程序 139

本章小结 142

问与答 142

第 9 章　编程实现——判断满行与消行 143

9.1　判断满行 144

9.1.1　满行特点 144

9.1.2　检查过程分析 145

9.1.3　编程实现 146

9.2　消除满行 148

9.2.1　动画实现原理 149

9.2.2　消行过程分析 150

9.2.3　流程设计 153

9.2.4　编程实现 158

本章小结 160

问与答 160

第 10 章　项目功能扩展 161

10.1　统计得分和计时 162

10.1.1　统计得分 162

10.1.2　计时功能 163

10.1.3　进度条递减 166

10.2　游戏暂停和结束 169

10.2.1　游戏暂停 / 继续 169

10.2.2　游戏结束 171

10.3　其他功能实现 173

10.3.1　添加声音效果 173

10.3.2　视频侦测控制 175

本章小结 178

问与答 179

第 11 章　项目测试与完善 181

11.1　方块卡住问题解决 182

11.1.1　原因分析 182

11.1.2　问题解决 183

11.2 程序优化提高性能 185

　11.2.1 执行次数分析 185

　11.2.2 运行时间验证 187

　11.2.3 综合分析选用 188

11.3 "编程画网格"方案 189

　11.3.1 绘制标准网格 189

　11.3.2 边界处理及消行 191

　11.3.3 常用调试技巧 193

本章小结 195

问与答 195

附录 A 绘制脑图 196

　一 绘制思维导图 196

　二 绘制流程图 197

附录 B 矢量图和位图 199

绪　论

认识编程全过程

小雨（编者的女儿）小时候没有接触过编程，因为那时候编程都是专业程序员才可以做的事情，当时学校的信息课主要学习文字输入、文件管理等操作性技能。但是现在不一样了，好玩的编程工具有很多，只要你愿意，随时都可以用起来。

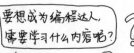

 0.1 什么是编程？

0.1.1 什么是程序？

简单地说，"编程"就是"编写程序"。那程序又是什么呢？我们先从认识软件应用开始。

1. 认识软件应用

计算机桌面上有很多图标，如 Word、Scratch、Photoshop 等，每个图标对应着一个软件应用。启动这些应用的方式很简单：把鼠标指针移动到图标上，双击鼠标左键。如图 0-1 所示，仔细观察，这些图标左下角都有一个小箭头，意味着这些图标只是快捷方式，其实每个图标都指向了一个文件夹，而这个文件夹才是软件应用存放的真正位置。

验证：将鼠标指针移动到"Scratch"图标上，单击鼠标右键，在弹出的快捷菜单中找到"打开文件所在的位置"命令并单击，如图 0-2 所示，观察快捷图标实际指向哪个文件夹，这个文件夹里还有哪些文件。

图 0-1　软件应用

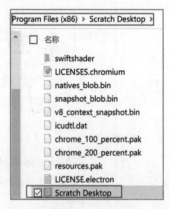

图 0-2　文件实际位置

思考：如果不小心把桌面上 Scratch 的快捷方式图标删除了，那么实际对应的文件夹有没有被删除掉呢？

如图 0-2 所示，文件夹里的文件分为两类：一类是程序文件，另一类属于数据和文档，它们组合在一起构成了一个软件应用。所以说，软件是一系列程序、数据和文档的集合。

2. 认识计算机程序

简单地说，程序就是一组指令，这组指令能被计算机识别并执行，以实现某种功能。如图 0-3 所示，是用 Scratch 编写的一组指令，让小猫在迷宫中向上行走。当然，在实际程序中，根据功能的复杂度大小，可能还需要很多指令甚至多个程序文件。但作为初学者，可以先从编写小规模的程序做起，一点一滴地积累和成长。

图 0-3　Scratch 程序和运行效果

0.1.2 编程基本过程

苹果手机创始人乔布斯曾说："每个人都应该学习一门编程语言，学习编程教你如何思考，就像学法律不一定为了做律师，但法律教你一种思考的方式……"

简单地说，编程就是用某种编程工具编写程序，让计算机自动执行。但其实在软件企业中，"编程"包含前期的分析和设计、中期的编码及后期的测试。我们在学习编程时，将过程简化为四个主要环节：需求分析、总体设计、编程实现及测试完善。

1. 需求分析

需求分析是项目开发的首要环节，目的是理解用户需求，分析项目功能。在实际软件开发过程中，项目主要来源于用户需求，所以开发者要多与用户交流（图 0-4），争取尽可能多地了解用户的需求。

图 0-4　与用户沟通项目需求

2. 总体设计

该阶段主要划分功能模块，设计项目的总体流程。以"迷宫寻宝"游戏为例，在分析需求时，会形成角色行为分析图，据此，划分出项目的功能模块。之后，从使用者的角度，根据程序的运行过程，设计出模块之间的逻辑关系，形成项目总体设计图，如图 0-5 所示。

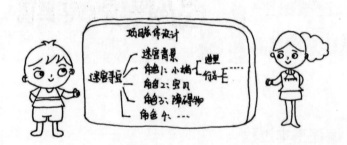

图 0-5　项目总体设计

3. 编程实现

完成项目设计后，先对模块进行算法设计，即先要明确解决某个功能或问题的步骤，然后选择一门编程语言进行程序的编写与调试，如图 0-6 所示。

图 0-6　编程实现

4．测试完善

一般企业在做完软件产品后，还需要进行长时间的软件测试工作。软件测试师会输入很多测试数据，观察软件运行的结果，尽可能多地找出漏洞，然后修改和完善程序，直到查找不到问题了，再把最终的产品交付给用户使用。

作为编程学习者，我们在完成一件作品后，要多和同伴分享，让同伴试玩我们的程序，征求他们对程序的看法和建议，这样可以帮助我们找出漏洞，也能开阔我们的思路，让程序得到不断的修改和完善，如图 0-7 所示。

图 0-7　展示分享

5．编程素养

编程是实现创意的过程，我们可以大胆发挥想象，设计出能激发人们兴趣的元素；同时，编程又是一个细致严谨的过程，细致到一个指令运用错误，程序就无法运行……调试编程时会遇到各种问题，如果没有足够的耐心和信心，便很难体会编程的乐趣。所以，"大胆想象、小心求证、不断试误、分享协作"是编程的关键，是提升编程素养的重点！

（1）大胆想象

随着编程语言的图形化和简便化，人人都可以学编程。我们不需要记忆枯燥的指令，只要有想法，有一定的逻辑思维，知道各个指令的含义，就可以组合指令，实现想法和创意。所以，编程像写文章，可以选择主题，围绕主题来设计和组织。

（2）小心求证

编程又不同于写文章或者画画，它环环相扣，更需要严谨和细致。首先要分析项目的功能，然后设计具体的算法（步骤），再编程实现，之后调试修改，直到程序正常运行。一步一步地接近目标，需要开发者思路清晰、严谨和细致。

（3）不断试误

即使是技术再熟练的程序员，也无法确保程序百分之百正确，因此，编程过程中，"出错"是常态。对于学习者，"出错"甚至是好事，这样才能不断积累编程经验，提升问题分析及解决的能力。

（4）分享协作

在测试程序时，你会发现，有时候不管自己怎么运行程序，都找不出问题。但是让同伴测试，马上就能发现一大堆问题。因为每个人都有盲区，所以编程时要乐于分享和请教，同时也要乐于助人，在帮助别人的过程中开拓自己的思维和眼界。正如古语道："三人行，必有我师焉"！

如何学习编程？

既然编程是一个系统化的过程，那么学习编程是不是很复杂？从软件开发的专业角度来说，程序确实有难易之分；但是编程初学者可以从小程序开始，一点一滴地去尝试和理解。长远来看，学习编程有下列 3 个关键的知识点需要掌握。

0.2.1 学习算法设计

算法是指"解决问题的一系列步骤"。现实生活中，我们每天都要解决很多问题。比如，肚子饿了需要做饭，衣服脏了需要清洗……做饭或洗衣服时通常都有一定的步骤，如炒菜的步骤是：择菜、洗菜、切菜、倒油、加调料等，洗衣服的步骤是：放水、加洗衣液、浸泡、搓洗等。诸如此类，我们把解决某个问题的一系列步骤叫作"算法"。

当然，有的问题还可以使用多种方法来解决。比如洗衣服时，有人选用手洗，有人选用机洗，两种方法的具体步骤有所差别，其执行效率也会不同；再如炒菜，同样的"西红柿炒鸡蛋"，不同的菜系，炒制的步骤也会有所不同……

因此，面对问题我们还需要结合现实情况，在众多算法中选择最优的算法，这样，问题才能得以高效地解决。

1. 什么是算法?

算法是对特定问题求解步骤的描述,它是指令的有限序列。比如,要解决"倒计时问题",该如何描述解题过程呢?除了可以用文字来描述算法,如图 0-8 所示,也可以用程序流程图来描述算法,如图 0-9 所示。

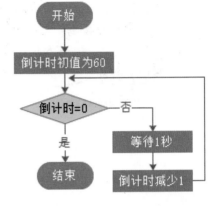

1) 输入倒计时变量,初值为 60;
2) 当倒计时变量等于 0 时,程序转向 5),否则转向 3);
3) 等待 1 秒;
4) 让倒计时变量减少 1;
5) 转向 2);
6) 结束

图 0-8　用文字描述算法　　　　　图 0-9　用流程图描述算法

相比文字描述,用流程图表示算法是不是更直观一些呢?在以后的编程中,我们可以先用流程图来描述算法,再将其转换成具体的程序指令。

2. 经典算法应用举例

计算机能完成很多的功能主要源于其经典的算法,而这些经典算法又源于生活需求,反过来,使用这些算法又服务于生活和生产。我们需要学习和理解一些经典的算法。

(1) 二分查找算法

比如,有 100 本图书无序地排列在书架上,这时需要找其中的一本书,我们只能一本一本地寻找,如果幸运,要找的这本书恰好排在第一本,那么我们一次就能找到;但也有可能这本书排在最后,这时我们需要翻找 100 次才能找到。

于是,为了查找方便,图书管理员给每本图书进行编号,然后按照编号顺序进行摆放。比如,将图书按照 1 ~ 100 的顺序摆放,此时需要找 45 号图书,可能你会说,我一眼就能找到啊!但试想,如果有 1000 本、10000 本甚至更多图书呢?如图 0-10 是二分查找算法的具体过程。

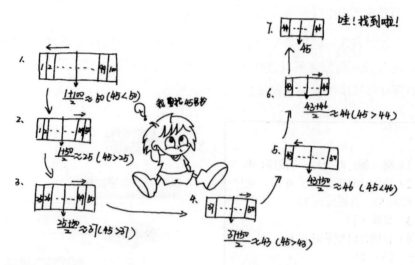

图 0-10　二分查找算法的具体过程

上面查找过程中使用的就是著名的二分查找算法，这种算法可以大大提高查找的效率。

（2）K 最邻近算法

当然，还有很多其他经典的算法，比如排序、旅行家最短路径、K 最邻近算法等。如图 0-11 所示，在亚马逊网站上搜索 "Scratch" 图书，页面上会列出相关的图书，单击某本书可以查看详细信息，同时页面下方会给出另一些相关信息，比如经常与该商品一起购买的商品有什么？浏览此商品的顾客同时还会浏览哪些书目？

页面之所以能给出推荐信息，运用的就是 K 最邻近算法，它将每个人购书的数据进行存储，如果甲买的书恰恰也是乙买过的书，这时就可以将乙买的其他书目推荐给甲，是不是感觉计算机越来越"懂"我们了呢？

图 0-11　K 最邻近算法的应用

当然，这些算法理解和运用起来不是那么容易，但是只要我们开始了编程学习之旅，我们距离理解和运用这些经典算法也会越来越近！

※ 思考：

在猜数字游戏中，你通常是如何确定数字的呢？是不是也运用了二分查找算法呢？

0.2.2 学习编程语言

1. 编程语言

通俗地讲，编程语言是人类向计算机发出指令的语言，是人和计算机的通信语言。编程语言有很多，比如 C 语言、Java、Python 等，每种语言有自己的语言规则，就像中文、英文、法语等，都有各自的语法规则。

在编写程序时，需要选用一种编程语言，将解决问题的算法进行翻译。不同语言翻译后的程序形式有差别，但实现的功能是一样的。如图 0-12 所示是基于同一个算法，分别用 Scratch 和 C++ 语言编写的程序。

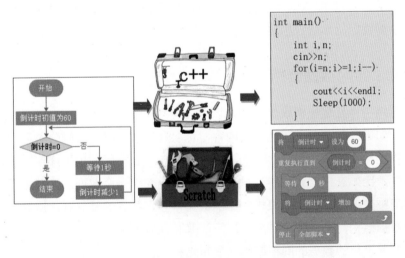

图 0-12 用不同语言编写程序

所以说，算法是程序的灵魂，编程语言其实就是一种工具。我们现在学习编程不是为了编写程序，而是要理解和设计算法，培养分析和解决问题的能力。不需要面面俱到地学习众多编程语言，只要能把一门语言学精学透，就可以举一反三，触类旁通。

2. 机器语言

前面所提到的 C、Python 等都属于高级语言。这些高级语言容易被人类理解，使得程序编写起来比较容易，但这些程序都需要经过编译转换成机器能识别的语言，即机器语言，如图 0-13 所示。（注：编程软件中的变量均为正体。）

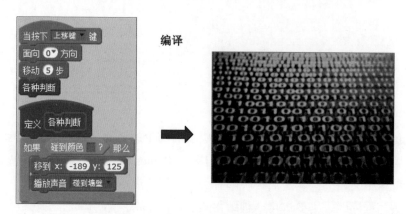

图 0-13　高级语言转换成机器语言

因为计算机处理器本质上是由电子器件组成的，这些电子器件只有两种状态：开或关，对应的状态为 1 或 0。所以，机器语言就是由 0 和 1（二进制）组成的一系列数据的集合。机器语言是计算机能直接执行的语言，且执行速度快。

0.2.3　学习数据结构

数据结构也是编程中很重要的知识点，当然，初学阶段还不会涉及结构复杂的数据，如果暂时不想了解这方面内容，可以略过本节继续后面的学习。

数据结构是指多个数据之间的关系或者结构。在一般的小程序中，涉及的数据量很少，比如在迷宫游戏中，只需要存储"分数"一个数据，这时就不需要考虑采用何种数据结构。但如果程序中的数据很多，并且关系复杂，这时精心选用合适的数据结构，可以带来更高的运行效率和存储效率。

下面是常用的数据的四种结构（逻辑结构）。

1. 集合结构

如图 0-14 所示，在"射击游戏"中，分别存储了 3 个数据：射击手 A 的得分、射击手 B 的得分、总分。这 3 个数据之间没有关系，结构松散，各自独立，我们将这种关系称为"集合"。

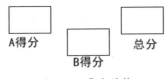

图 0-14　集合结构

2. 线性结构

如图 0-15 所示，存储了班级所有同学的姓名，这些姓名之间呈现顺序的线性关系：A 同学位于最前面，后面是 B 同学，B 同学前面是 A 同学，后面是 C 同学，以此类推……也就是说，除了开头和结尾的两位同学外，其他同学前面均只有一个同学，后面也只有一个同学，满足这种关系的数据就属于线性结构。

图 0-15　线性结构

3. 非线性结构——树型

如图 0-16 所示，是《中华人民共和国宪法》规定的中华人民共和国行政区域划分结构图。国家处于最顶层，下面延伸出 3 个分支，分别是：省、自治区和直辖市，它们又各自有下属分支。这种结构就像一棵倒立的大树，因此叫作树型结构。其特点是：有一个类似"树根"的结点，每个结点下面可以有多个结点，但每个结点的前面只有一个结点，即一对多的关系。

图 0-16　树型结构

在现实生活中有很多具有树型结构的数据，比如公司的组织结构图、家族的族谱图，网页上的章节关系等，这些数据都属于典型的树型结构。

4. 非线性结构——图型

现实生活中，有一些数据之间联系紧密，但没有上下级的层次关系，我们称之为图型结构。在"百度地图"设置起点"奥森公园"，设置终点"前门"，页面上显示多条路径，前两条路径信息如图 0-17 所示。（结点代表站点，数字代表两地之间的距离及所花费的时间。）

这里有两条线路，路线 A：奥森公园→北土城→惠新西街南口→崇文门→前门；路线 B：奥森公园→鼓楼大街→前门。先比较距离，路线 A 的距离是 4+2+8.7+1.7=16.4 千米，路线 B 的距离是 7.2+11.6=18.8 千米，所以选择路线 A。如果比较花费时间的话，路线 A 需花费 14+7+21+5=47 分钟，路线 B 花费 13+20=33 分钟，因此选择路线 B。

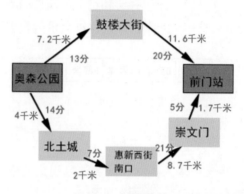

图 0-17　图型结构

其实，图型结构不仅可以用来表示城市之间的距离，现实中各种错综的关系也可以用图来表示。比如，在"国际计算思维挑战赛"有这样一道题：图 0-18 显示了一个图书俱乐部中 7 名学生的姓名与年龄，图中相连的两人互为朋友。

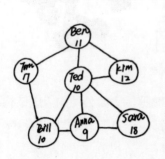

俱乐部读书规定

当你收到一本没读过的书，你读完后要把它传给你的朋友中没有读过这本书，且年龄最小的朋友；如果你所有的朋友都读过这本书，把它交还给俱乐部。

图 0-18　图型结构

※ 思考：

现在 Ben 读了一本新书。请问在俱乐部中，最后读到这本书的是谁？

答案是 Kim，你做对了吗？如图 0-19 所示，这里使用图来表达俱乐部同学之间借还书的关系。

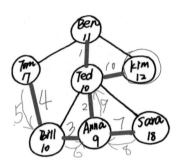

图 0-19　借还书关系

用计算机处理现实世界中的数据，数据之间的关系离不开上面四种，当确定清楚数据的关系后，就需要在内存中存储这些数据并表达这种关系。那么，数据在内存中是如何存储的呢？

0.2.4　了解内存结构

任何程序要运行，都需要被调入内存中。所以，要学习编程，也需要了解数据在内存中的存储方式。首先，我们来认识内存和外存。

1．内存特点

内存又称主存，是 CPU 能直接访问的存储空间，用于暂时存放 CPU 中的运算数据，其特点是存取速度快。计算机运行时，所有打开的程序、浏览的网页、数据的处理等，都在内存中进行。当关机后，内存中的数据也就被清空。因此，如果想把内存中的数据保存下来，需要及时存储到外存上。比如，我们在用 Word 进行文字处理时，要经常性地保存文件，以免计算机断电或死机后文件丢失。

"内存容量"是衡量计算机性能的一个重要指标。内存的容量越大，计算机程序运行的速度就越快。

2．查看内存容量

在计算机桌面上找到"计算机"图标，将鼠标指针移到该图标上，单击鼠标右键，出现下拉菜单，移动鼠标指针到"属性"快捷命令上，单击鼠标左键，会看到本台计算机的一些参数，如图 0-20 所示。

系统	
分级：	**4.4** Windows 体验指数
处理器：	Intel(R) Core(TM) i5-4200U CPU @ 1.60GHz　2.30 GHz
安装内存(RAM)：	4.00 GB (3.71 GB 可用)
系统类型：	64 位操作系统
笔和触摸：	没有可用于此显示器的笔或触控输入

图 0-20　查看计算机内存容量

　　图 0-21 所示是在京东网站上的一款笔记本专用的内存条，将这个内存条插到主板的插槽上，就可以为笔记本扩展内存容量。

图 0-21　内存条

3. 内存结构

　　如图 0-22 所示，内存空间就像教学楼一样，被分割出多个存储单元（教室），它们都有各自的地址（房间号）和名称（班级名称），程序和数据都存储在这些单元里面。比如，1 班是班级的名称，地址是 1001。

1001（1班）　　1002（2班）　　1003（3班）　　1004（4班）

图 0-22　内存结构示意图

当建立多个数据时，内存会分别为它们分配单元。如图 0-23 所示，程序中建立了 3 个（整型）变量，分别是 a、b、c，内存中各自的地址是 0x60fefc、0x60fef8、0x60fef4，每个地址里存储的数据均是 0。

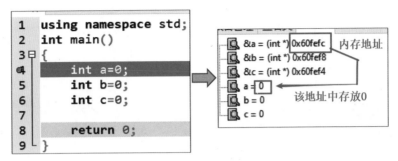

图 0-23　C++ 程序

内存结构示意图如图 0-24 所示。

图 0-24　内存结构示意图

4．认识外存

外存一般指外存储器，能永久保存数据，即使断电，外存上的数据依然能保存。由于物理连接方式不同，CPU 无法直接读取外存上的数据，因此与内存相比，数据存取速度比较慢。常见的外存储器有 U 盘、硬盘、光盘等，如图 0-25 所示。

图 0-25　常见的外存储器

我们保存的各种文件、建立的文件夹等，都存储在外存储器上。

如图 0-26 所示，是"我的电脑"中的资料存储显示。

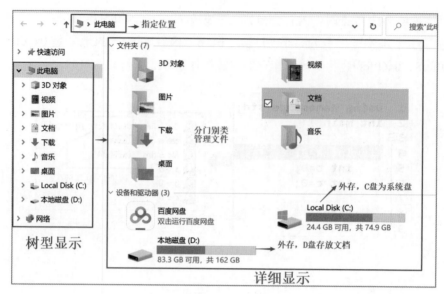

图 0-26 文件列表

本章小结

- 了解编写程序的四个主要环节。
- 理解算法的概念，初步了解二分查找算法的过程。
- 理解并区分编程语言和机器语言。
- 能区分内存和外存，并了解内存的特点。

问与答

问：如果桌面上某个应用软件的快捷图标被删除了，这个软件是不是也被删除了呢？

答：没有被删除，这些图标只是快捷方式，分别指向某个文件夹，而这个文件夹才是应用软件存放的真正位置。

问：编程调试时遇到非常多的错误怎么办？

答：编程调试需要足够的耐心和信心，只有大胆想象，小心求证，不断试误，分享协作，才能体会到编程的乐趣。

问：什么是算法？

答：算法是对特定问题求解步骤的描述，它是指令的有限序列。

问：内存有哪些特点，关机后内存里的数据会消失吗？

答：内存又称主存，是 **CPU** 能直接访问的存储空间，其特点是存取速度快。计算机运行时，所有打开的程序、浏览的网页等，都在内存中进行。当关机后，内存中的数据也就被清空了。因此，如果想把内存中的数据保存下来，需要及时存储到外存上。

第 1 章

初识 Scratch 编程

小雨上高中时，很多同学都在进行各种奥赛学习，信息学奥赛考查算法、数据结构和 C++ 语法，对于编程初学者而言，这些内容还是有一些难度的。

所以建议先接触一些图形化编程，体验到编程的乐趣之后，再学习 C++ 和算法，触类旁通，举一反三，给自己一个目标，努力尝试吧！

 Scratch 介绍

1.1.1　Scratch 简介

1. 发展历史

Scratch 是由麻省理工学院（MIT）创新实验室设计开发的一款图形化编程工具，主要面向青少年。学习者不需要编写枯燥的代码，只需要知道各个积木块的功能及行为之间的逻辑关系，就可以创作作品。

2. 编程主旨

用 Scratch 可以创作数字作品，如交互式故事、动画等，可以设计和开发游戏，也可以与硬件（如 Arduino、乐高）结合使用。其秉承的理念是：创造、探索和分享。学习者在编程中可以体验到如何构思和设计项目，如何分析和解决问题及交流想法，实现从"学习如何编程（learn to code）"到"在编程中提升思考能力和学习能力（code to learn）"。

读者可以用关键词"Scratch3.0 下载"在网络中搜到该软件，下载后安装即可。

1.1.2　编程热身

说了这么多，我们赶紧用 Scratch 体验一下编程吧！先来简单认识 Scratch3.0 的界面组成。

1. 了解 Scratch3.0 界面

Scratch3.0 界面分为 4 个区：舞台区、角色区、指令区和脚本区，如图 1-1 所示。舞台区显示的是程序运行效果，角色区主要包括程序中需要的角色（人物），指令区包含可以使用的积木块指令，脚本区主要包括我们根据需要编写的程序指令。

2. 读懂角色信息

选中某个角色后，在角色区会有这个角色的相关信息，如图 1-2 所示，包括

名称、位置、是否显示或隐藏、角色大小及其面向的方向，这些信息都可以根据需要修改。

图 1-1　Scratch3.0 界面

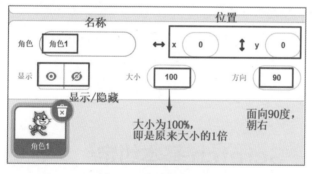

图 1-2　读懂角色信息

3. 编程实现小猫移动

启动 Scratch 后，舞台上默认有一只小猫角色，现在要用键盘上的四个方向键控制小猫上下左右移动，下面一起动手吧！

在角色区中将鼠标指针移动到小猫角色上，单击鼠标左键，选中小猫角色，此时的脚本区是空白的，接下来我们要编写程序实现的功能是：当用户按下右移键 "→"，小猫向右移动。

（1）添加事件指令

图 1-3（a）中的"当按下→键"属于事件指令，在指令区展开"事件"模块，找到"当按下……键"指令，将其拖动到脚本区，单击这条指令右侧的下拉按钮，在其下拉菜单中选择右移键"→"。

（2）添加动作指令

再在指令区展开"运动"模块，找到"面向……"指令并拖到脚本区，与已有指令连接。单击该指令的下拉按钮，在下拉菜单中选择"（90）向右"，再找到"运动"模块里的"移动……步"指令，将其拖到脚本区并连接，如图 1-3（a）所示。

这段程序写得对不对呢？需要运行程序来验证。我们每按下一次键盘上的右移键"→"，观察舞台上的小猫角色是否能右移一次，如果能，说明这段程序是对的。再添加图 1-3（b）中的程序段，并运行测试。

（a）右移程序段　　　　　　（b）左移程序段

图 1-3　左右移动的程序段

Scratch 基本约定

1.2.1　位置约定

在 Scratch 中，所有角色活动的场所是"舞台"。每个角色在舞台上都有自己的位置，那么这个位置是如何约定的呢？

1. 舞台坐标约定

Scratch 舞台用平面直角坐标系来定位，并限定舞台宽度为 480 像素，高度为 360 像素。以原点（0，0）为中心，横轴（X轴）的最小值是 -240，自左向右逐渐增大，最大值是 240；纵轴（Y轴）最小值是 -180，自下而上逐渐增加，最大值是 180，如图 1-4 所示。

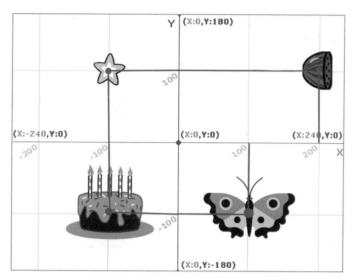

图 1-4　角色位置约定

2. 角色坐标值

通常，我们用（X, Y）这样的有序数对来表示角色的位置。如图 1-4 所示，舞台原点的位置是（0,0）。那么，星星、西瓜、蛋糕和蝴蝶这些角色的位置分别怎么表示呢？

以星星为例，从星星的中心点（小圆点）分别向 X 轴和 Y 轴做垂线，观察 X 轴对应的坐标是 -100，Y 轴对应的坐标是 100，因此星星的位置是（-100,100）。

同理，西瓜、蛋糕和蝴蝶的位置分别是（200,100）（-100,100）（100，-100）。

注：本书中平面直角坐标系涉及的表示坐标值的字母采用大写，代码模块涉及的表示坐标值的字母采用小写。

1.2.2　方向约定

角色要移动，必然需要设置转动方向，Scratch 中对方向有自己独特的约定。

1. 方向与角度

在 Scratch 中，用角度来表示角色的方向。图 1-5 列出了小猫的朝向和角度的对应关系。可以看出，Scratch 约定角的起始边是 Y 轴上方线段，即图 1-5 中的红色线段。所以，如果想让小猫朝上移动的话，需要让它面向 0 度；向下移动的话，需要面向 180 度（或者 −180 度）。朝左移动的话，需要面向 −90 度。

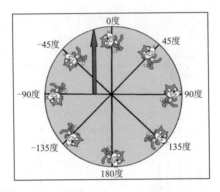

图 1-5　角色方向约定

选中一个角色，找到其默认的方向 90，用鼠标单击方向值，显示角度转盘，边旋转边观察舞台上角色的方向，看看和图 1-5 标记的是否一样？

2. 方向相关指令

图 1-6 是改变角色方向的 3 类指令。这里继续介绍其他两种指令的用法。

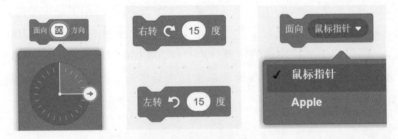

图 1-6　有关方向的指令

（1）旋转角度

如果角色在现有方向基础上旋转的话，可以使用"旋转角度"指令，如图 1-6 中的"右转 15 度"和"左转 15 度"两条指令，用来设置与当前角色方向偏离的角度。

试 一 试

编程实现铃铛左右摆动起来。

铃铛要左右摆动，需要右转一次，左转一次，旋转的角度是多少呢？参考图 1-7（a）所示的程序段，执行这段程序，观察铃铛是否摆动起来了呢？

再试试图 1-7（b）的程序段，加上"等待 1 秒"指令，我们可以观察到铃铛摆动了一次。

如果希望铃铛能重复左右摆动呢？可以加上"控制"模块中的"重复执行"指令。程序段如图 1-7（c）所示。

（a）旋转程序段　　（b）左右摆动程序段　　（c）重复左右摆动程序段

图 1-7　实现铃铛摆动的程序段

请比较加上"面向 90 方向"指令和不加这条指令，铃铛旋转起来分别是什么效果。

试 一 试

仔细观察，铃铛围绕着哪个点进行旋转？这个点是什么？如何让铃铛围绕系铃处旋转呢？

打开铃铛造型，如图 1-8（a）所示，之所以铃铛会以右下角为中心旋转，是因为画布的十字准星就在铃铛的此处（被遮挡，红框标记处）。只需要将铃铛系铃处放到十字准星上即可，如图 1-8（b）所示，再运行程序。

调整铃铛造型位置的方法：在"铃铛"造型的画布中用"选取"工具，从铃铛外部左上角开始，按住鼠标左键同时向右侧拖动鼠标，直到铃铛造型全部被选中，再将其移动，使铃铛系铃处位于十字准星位置上。

（a）造型中心位置　　　　　　　（b）调整造型中心

图 1-8　调整造型

（2）面向其他角色

给小猫角色编程，如图 1-9（a）所示，先思考一下，这段程序运行后，小猫会如何移动呢？执行这段程序，看看实际效果与你的设想是否一致。

再试试图 1-9（b）的程序段，通过比较来理解各条指令的含义。

（a）面向指针移动程序段　　　　　（b）跟随指针移动程序段

图 1-9　设置小猫移动

图 1-9（a）程序段运行结果：小猫始终朝向鼠标指针移动，鼠标指针位置改变了，小猫的方向也随之改变。

图 1-9（b）程序段运行结果：小猫始终跟随鼠标指针，但方向不改变。

1.2.3　读取位置和方向数值的指令

Scratch 中有专门的指令可以读取角色当前的 x 坐标、y 坐标及方向值。

如图 1-10 所示，选中小猫角色，在其"运动"模块下有 3 组指令，其形状为圆角矩形。勾选前面的复选框，可以在舞台上显示角色的位置和方向的数值。

注：本书中代码块涉及的表示坐标值的字母采用小写。

图 1-10　读取位置和方向的数值

Scratch 流程控制

日常生活中，有些事情我们是按部就班一件一件地做的，比如早晨起床后，先穿衣，再洗漱，再吃饭，再上学……还有些事情，会根据某个或某些条件成立与否而做出不同选择，比如，如果明天不下雨，我们就外出游玩，否则在家里写作业。当然，还有些事情需要不断地重复，比如学校里每天同一时间响起的铃声……

在程序中，指令之间也有类似的逻辑关系，主要归纳为 3 种：顺序结构、选择结构（条件结构）及循环结构。

1.3.1 顺序结构

顺序结构是指多条指令按先后顺序组合在一起，程序运行时会逐条指令执行，如图 1-11 所示，执行完指令 1 后，接着执行指令 2，再执行其他指令……

这是一种最简单的逻辑关系，阅读图 1-12 的程序段，这段程序的功能是什么呢？

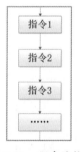

图 1-11 顺序结构

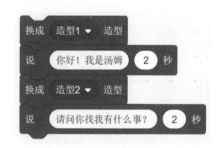

图 1-12 程序段举例

1.3.2 选择结构

1. 生活中的实例

在现实生活中，稳妥起见，做事前我们经常会多准备几个方案。

（1）实例 1

比如，如果明天空气质量为优，我们就去晨跑；如果空气质量不好，就待在室内看书。逻辑关系可以用图 1-13 来表达。

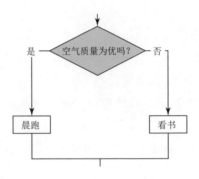

图 1-13　选择结构实例

（2）实例 2

当闹铃响起的时候，小雨同学起床，穿衣，洗漱，吃饭。平时小雨坐公交车都在学校站点下车，但是如果堵车严重的话，她会提前一站下车。下车后，如果时间充裕，她会继续步行到学校，否则，会一路小跑到学校。用示意图呈现如图 1-14 所示。

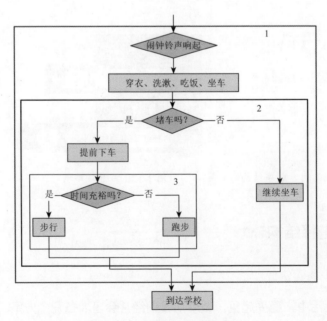

图 1-14　上学路上的多重选择

2. 基本结构

条件结构可以细分为 3 种：单分支结构、双分支结构和多分支结构。

（1）单分支结构

单分支结构是指：当条件成立时，转向"是"分支，执行"指令 1"；当条件不成立时，转向"否"分支，什么都不做。当选择结构执行完后，再顺序执行"指令 2"。如图 1-15 所示，用红色框圈出来的是选择结构部分。

（2）双分支结构

双分支结构是指：当条件成立时，转向"是"分支，执行"指令 1"；当条件不成立，转向"否"分支，执行"指令 2"。如图 1-16 所示。红色框内的条件结构判断执行完后，再执行"指令 3"。

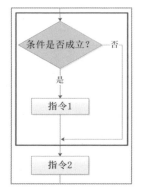
图 1-15　单分支选择结构流程图

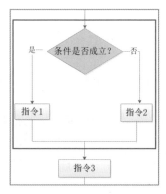
图 1-16　双分支选择结构流程图

两种结构在 Scratch 中对应的指令如图 1-17 和图 1-18 所示。

图 1-17　单分支选择结构的指令

图 1-18　双分支选择结构的指令

（3）多分支结构

有时候，一个条件中可能还需要包含其他条件，这种情况叫作"嵌套"，也叫多分支结构，其流程图如图 1-19 所示，图 1-20 是 Scratch 中相关的指令。在后续编程中我们都将陆续使用到。

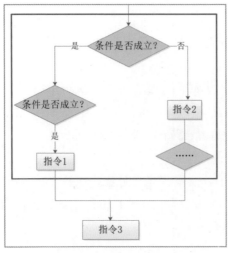

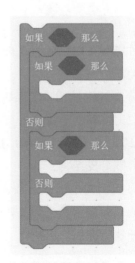

图 1-19　多分支选择结构流程图　　　图 1-20　多分支选择结构的相关指令

1.3.3　循环结构

"循环"是计算机程序最擅长的事情，只要计算机不关机，程序就可以一直重复运行着。所以编写程序时，"循环结构"是经常需要用到的。比如，"大鱼吃小鱼"游戏中鱼儿不停地移动，俄罗斯方块游戏中方块不断地下落……这些都需要用循环结构实现。

1. 无限循环

如图 1-21 所示，该循环没有条件限制，其下方无法再连接其他指令，只要用户不按下终止按钮，循环指令将会一直执行。

（a）无限循环指令　　　（b）无限循环的相关实例程序段

图 1-21　无限重复指令

※ 说明:

使用无限重复指令时,计算机会一直运行这段程序;如果有多个程序段都使用了无限重复指令,相当于这些程序段在同时执行,这时可能会出现逻辑错误。所以,使用无限重复指令时,需要加上终止条件,如图 1-22 所示。

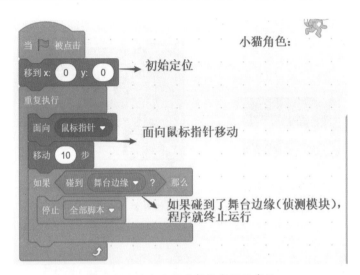

图 1-22 终止无限重复的实例程序段

2. 有限循环

(1) 重复执行次数

当能确定某些指令循环多少次时,可以选用"重复执行……次"结构。图 1-23 是绘制一个正方形的程序段。因为正方形有 4 条边,所以重复执行了 4 次。

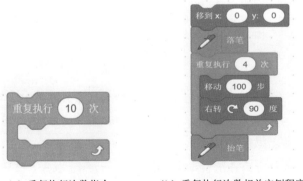

（a）重复执行次数指令　　　（b）重复执行次数相关实例程序段

图 1-23 重复执行次数

（2）重复执行直到……

有的循环会一直执行，直到某个条件成立，循环才结束，如图 1-24（a）所示。

再看图 1-24（b）所示的程序段，其含义是：如果方块没有碰到黑色，那么 y 坐标就增加 -20，即方块下落一格；接着再判断，如果检测到方块碰到黑色，那么循环就终止，执行后续的"图章"指令。

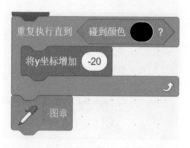

（a）直到型重复的指令　　　（b）直到型重复的相关实例程序段

图 1-24　直到型重复

本章小结

本章我们初步认识了 Scratch 编程，并学习了 Scratch 中有关角色位置和方向的约定。

- 认识 Scratch 中的两个基本约定：坐标位置和方向约定。
- 理解程序指令的三种逻辑关系：顺序结构、选择结构和循环结构。
- 理解并区分三种选择结构：单分支结构、双分支结构和多分支结构。
- 理解并区分三种循环结构：无限重复、指定次数的重复、直到型重复。

问与答

问：程序中，指令的逻辑关系有哪些？

答：主要归纳为三种：顺序结构、选择结构（条件结构）及循环结构。选择结构还可以细分为：单分支结构、双分支结构和多分支结构。

问：无限重复、指定次数重复、直到型重复三种循环结构指令的区别是什么？

答：无限重复没有条件限制，只要用户不强行终止程序，循环将会一直执行；指定次数重复指令在循环一定的次数后，循环结束；直到型重复会一直执行循环，直到满足某个条件，循环才结束。

第 2 章

"俄罗斯方块游戏"需求分析

　　小雨妈妈小时候熟悉的电子设备只有电视机和收音机。上初中时，小雨妈妈见过一款小型游戏机，里面安装了俄罗斯方块游戏，尝试后便爱不释手。为了让这些方块无缝地摆满整行，需要在方块落下前对其造型和位置快速布局。记得当时最高得分达到了 5000 多分，为此还炫耀了好一阵子！

　　高中时，小雨妈妈开始学编程，希望能编写出这样一款游戏。于是，参考了大量的学习资料，探索了 C++ 版、Java 版的俄罗斯方块游戏。但是当时编程主要都是面向大学生的，那些编程语言都是英文代码，需要长时间的积累和应用才能掌握。而如今，有了 Scratch 这种图形化的编程工具，小朋友也可以编程。于是，小雨妈妈带着小雨用 Scratch 开发俄罗斯方块游戏的想法就形成了！

"俄罗斯方块"（Tetris）最早由莫斯科的数学家亚力克西·帕杰诺夫（Alexey Pajituov）设计，被公认为有史以来最畅销的经典游戏。这款游戏看似简单，却变化无穷，令人爱不释手。从本章开始，我们学习用 Scratch 开发一款这样的游戏，这个过程有乐趣，也有挑战，需要我们有严谨的思维过程，以及敢于尝试错误和解决问题的勇气。相信自己，一起来尝试吧！

2.1 构思游戏功能

2.1.1 广泛借鉴

在做一件事情之前，我们通常要先进行前期的调研工作。比如，作者打算写一本 Scratch 方面的书稿，会先到书店里搜集相关的书籍，浏览书的目录，大致了解这些图书围绕的方向和主题，然后对比自己的想法，来评估书稿是否有市场需求和出版价值。

开发一款游戏也是同样的流程，我们可以先到网站上找类似的游戏，多体验，找到亮点和不足，从而启发自己的创意，明确自己的游戏中可以添加哪些新元素，或者需要避免哪些问题……

这里推荐"4399 小游戏"网站，相信大家并不陌生。不过，以前你可能是纯粹的玩家，而现在，需要我们带着目的去体验游戏喽！

1. 打开一个浏览器（如 360 安全浏览器、谷歌浏览器……）。

2. 在地址栏中输入网址 www.4399.com，按下回车键，向服务器发出请求。

3. 服务器接收到请求后，就会将网站的首页显示出来。

4. 在搜索框中输入"俄罗斯方块"，单击右侧的"搜索"按钮。

如图 2-1 所示，共搜索到了 444 个相关的俄罗斯方块游戏，选择几款游戏认真地体验吧！

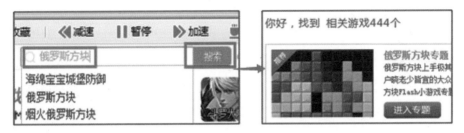

图 2-1　体验各种俄罗斯方块游戏

　　是不是每款俄罗斯方块游戏都各有特色呢？有的方块中规中矩，有的卡通可爱，有的通过倒计时或者生命值来增加游戏的难度，有的还设置了障碍物……如图 2-2 所示。

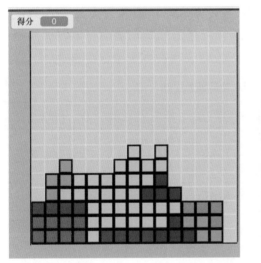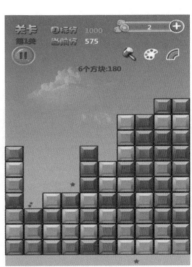

图 2-2　不同风格的游戏界面

2.1.2　形成想法

　　体验之后，有没有想过，你打算设计一款什么样的俄罗斯方块游戏呢？游戏界面如何设计？包含几种形状的方块？设置几个关卡？游戏规则有哪些？赶紧将这些想法记录下来，否则很多创意在脑海中闪过之后就忘记了。俗话说：好记性不如烂笔头，加油哟！

确定游戏规则

通过描述游戏的功能，可以将前期的创意和想法尽量详细地表述出来，然后从中提炼出游戏的规则。因为，"规则"是游戏的灵魂。

2.2.1 描述游戏功能

1. 描述提纲

如何描述游戏的功能呢？我们在写记叙文时，通常会抓住"六要素"：时间、地点、人物、起因、经过、结果。描述游戏的功能也可以以此为提纲，如表 2-1 所示，先试着回答这几个问题，建议写在本子上，尽量具体、详细。

表 2-1　游戏功能描述提纲

六要素	问题	目的
时间	游戏有无发生的时间？什么季节？早、午或晚上？	设计游戏背景
地点	游戏有没有发生的具体场景呢？	
人物	游戏中都有哪些形状的方块或障碍物呢？	找出角色
起因	游戏是如何开始的？	确定游戏开始的状态
经过	游戏是如何玩的？规则有哪些？	分析游戏规则
结果	游戏胜利或游戏失败的标准是什么？	确定游戏如何结束

2. 描述范例

参考图 2-3 的范例，对比看看，自己写的是不是不太全面？或者过于笼统？

比如，你可能会写"按下方向键后，方块向各个方向移动"，这句话有错吗？没错，意思对，但是不够具体。最好是"当按下上移键时，方块向上移动；当按下下移键时，方块下落速度加快……"刚开始我们对游戏理解不够深，写得不全面也很正常。只要我们有这种意识，慢慢练习就可以进步。

> **时间：** 没有具体发生时间的要求。
> **地点：** 由行和列组成的网格背景，也可以不带网格。
> **人物（角色）：** 各种形状的方块。
> **起因：** 当游戏开始时，顶部会随机出现一个方块造型，接着开始下落。玩家控制方块的位置，也可以切换方块的造型。
> **经过：** 当用户按下绿旗，出现"说明"界面；按下"开始"按钮，出现游戏界面，并随机出现一个方块且不断下落；按下移键，加速下落；按上移键，切换造型，左移键和右移键可以控制左右移动。方块落下时，若到达底部或碰到其他方块，就停止……
> **结果：** 逐行检测，如果某一行或者几行全部被方块占满，就可以消除掉，上方的方块会原样落下。根据消除的满行行数来计分，一次消掉 1 行就增加 5 分，一次消掉 2 行增加 10 分，一次消掉 3 行增加 25 分，消掉 4 行增加 40 分。如果方块摆放到网格顶部，则游戏终止，同时显示本次得分情况。

图 2-3　游戏功能描述

2.2.2 确定游戏规则

"游戏规则"是指一款游戏的玩法，它是游戏的核心和灵魂。把握住了游戏规则，也就抓住了游戏的核心。根据图 2-3 的功能描述，我们试着写出游戏的规则。

1. 方块移动规则

当按下绿旗开始游戏时，界面上方会随机出现一个方块，该方块重复下落；按下下移键时，方块加速落下；按下左移键，方块左移一格；按下右移键，方块右移一格。当碰到网格边缘或其他方块时，在当前位置复制该方块。想一想，原方块去哪里了呢？又回到起始位置，隐藏起来，等待下一次的随机出现。

2. 游戏计分规则

当某一行被方块填满时，表示该行为满行。玩家有时候会逐行消行；有时候会攒着多行一并消行。作为游戏开发者，可以鼓励玩家挑战自己，给出不同的计分规则。比如，如果一次只有一行满行，得分增加 5 分；如果一次同时有 2 行满行，得分增加 10 分；如果一次同时有 3 行满行，得分增加 25 分；如果一次同时有 4 行满行，得分增加 40 分。当然，现在你是程序开发者，计分规则当然你说了算！

3. 游戏结束规则

可以给游戏增加多种结束方式，比如，如果方块摆放到网格顶部，则游戏终止；或者为游戏设定时间限制，如果玩家持续时间达到 5 分钟，得分却还没满 50 分，那么游戏也结束……发挥你的创意，设计出更有挑战性的规则吧！

游戏角色分析

什么是游戏中的角色呢？如图 2-4 所示，Scratch 舞台上有两个角色：小猫和气球，小猫可以在舞台上自由地走动，气球可以缓缓地升起……像这种在游戏中需要有动作的，比如俄罗斯方块游戏中的各种方块，就要设定其为"角色"，而方块背后的网格不需要移动，所以可以将其设计为舞台背景。

图 2-4　舞台背景和角色

下面我们来详细分析俄罗斯方块游戏中的角色及其相应的造型和动作。

2.3.1　方块角色分析

1. 造型分析

如图 2-5 所示，目前列出了 3 种方块角色。第一行的 L 角色有 4 个造型，后面 3 个造型分别是将第 1 个造型旋转 90 度、180 度和 270 度形成的；第二行是长条型方块，有 2 个造型；第三行是田字格型方块，4 个方向上的造型都一样。当然，游戏中还有很多其他方块，建议你把自己计划的方块造型先在纸上画出来，后面再在 Scratch 中绘制。

2. 动作分析

游戏中的方块都需要做哪些动作呢?在方块的移动规则中有详细描述,可以将其进行简要归纳,如图 2-6 所示。

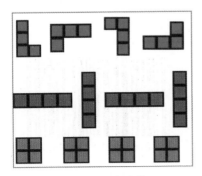

图 2-5 方块造型举例

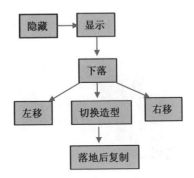

图 2-6 方块动作分析

2.3.2 其他角色分析

游戏中有些角色不需要呈现,但却需要发挥作用。比如"计分规则"中提到"当某一行全部被方块填满时,即为满行",那么如何判断某一行是否满行呢?谁来判断呢?

1. "判断满行"的具体过程

首先,我们来看图 2-7 中的方块,程序如何知道某一行是否满行呢?我们先用肉眼来观察,你认为满行和不满行的差别在哪里呢?显然,一行满行时,这一行是看不到灰色格子的,那么我们就可以把这个特点告诉程序,即用"是否碰到灰色"来判断是否满行。也就是说,如果检测到某一行有灰色格子,那么这行就是不满的,否则就是满行。

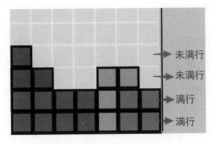

图 2-7 判断某行是否满行

接下来的问题是：谁来检测呢？我们用肉眼观察，而程序中需要添加一个角色——探测器。这个角色的造型设计成什么样子呢？先猜想一下。

观察图 2-8，这种扫码仪扫码的场景是不是很熟悉呢？扫码时，你有没有注意到有一条红外线光束？参考图 2-9，思考一下，为了能扫描出条形码的完整信息，这条红外线光束需要多宽呢？

图 2-8　超市扫码仪

图 2-9　用红外线光束扫描条形码

图 2-10 是一款手持便携式扫描仪，使用它可以逐行扫描纸质版文档，将其直接转换成 Word 文字，大大节省了文字输入的时间。

图 2-10　手持便携式扫描仪

图 2-8 和图 2-9 的案例是不是可以给我们一些启示呢？

显然，游戏中的检测器可以借鉴红外线光束，其造型可以是一条线段，其长度能够跨越网格整行，假如线段太短，就不能检测一行的所有格子；其高度不能超过一行网格的高度，否则会连带其他行也检测了。

2. "消除满行"的具体过程

当判断出某一行或多行为"满行"后，需要将它们消除，如图 2-11 所示。

当检测器检测出倒数第 2 行为满行时，那么这一行需要被清除，并且上面两行方块要原样落下（暂且这样理解，但实际上是覆盖）。那么怎样才能实现方块"原样"落下呢？

因为每个格子的颜色可能不同，所以，需要自左向右逐个检测格子的颜色。比如，检测到 1 号格子为黄色，那么消行后在该格子下方复制一个黄色格子，2

号和 3 号格子同样处理；检测到 4 号格子为深蓝色，那么消行后在该格子下方复制一个深蓝色格子……以此类推，当检测到 7、8 号格子为灰色（或者叫空白格子）时，会在下方出现灰色格子（空白格子）……

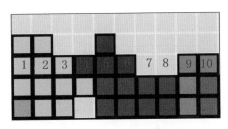

图 2-11　消行过程分析

那么，接下来的问题是：谁来检测每个格子的颜色呢？用长条造型的检测器是否合适呢？显然不合适，为什么？检测每个格子时，需要检测器的造型足够小，小到宽度和高度不能超过一个格子的大小。因此，检测器角色需要再增加新的造型，如图 2-12 所示，两个造型的名称可以设置为"长条"和"小点"，前者的宽度和高度分别是 247 像素 ❶ 和 13 像素，后者的宽度和高度都是 6 像素。

可以把检测器角色的动作进行简单梳理，如图 2-13 所示。

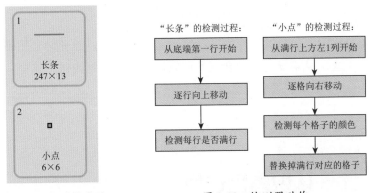

图 2-12　检测器造型　　　图 2-13　检测器动作

2.3.3　呈现分析结果

经过前面的分析，我们大概确定了游戏中的角色造型和行为。为了将这些分析结果直观地呈现出来，可以借助思维导图工具。当然，因为每个人对游戏的理

---

❶　像素是计算机中图片大小的基本单位，具体介绍参考附录 B。

解和设计不同，所做的角色行为分析图也会有差别，没关系，我们现在只需掌握分析的方法，以后再来逐渐完善。

图 2-14 是我们使用亿图图示软件中的思维导图工具❶绘制的角色行为分析图，你也可以用纸笔绘制哟！当然，如果你愿意，可以学习使用专业的软件来绘制！

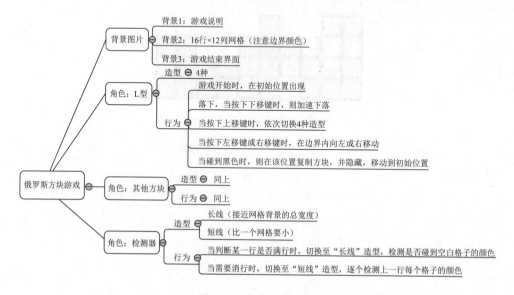

图 2-14　角色行为分析

分析完游戏中的角色及其行为后，你一定跃跃欲试，想要马上绘制方块和检测器的各种造型！第 4 章会专门介绍各种方块造型的绘制方法，这里，我们先来认识一下 Scratch 造型及画布中基本工具的使用。

认识角色造型

2.4.1　角色造型

1. 造型相关信息

造型是指角色的外观。当启动 Scratch 后，会默认建立一个项目文件，角色

---

❶　软件使用方法参考附录 A。

区里默认有一个"小猫"角色，选中该角色，单击屏幕左上角的"造型"按钮，可以将其所有造型列出来，如图 2-15 所示。造型 1 的编号是 1，宽度是 96 像素，高度是 101 像素；造型 2 的编号是 2，宽度是 93 像素，高度是 106 像素。单击造型右上方的 **⊗** 可以删除该造型。当角色只剩下一个造型时，该造型不允许被删除。

2. 修改造型名称

选中"造型 1"，在右侧框内可以输入新的造型名称，按回车键确认即可，如图 2-16 所示。造型在列表中的顺序也可以调整，方法为：选中要移动的造型，按住鼠标左键拖动造型到合适的位置，因为造型列表顺序不同，造型编号也就发生了改变。

图 2-15　造型列表

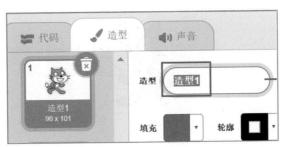

图 2-16　修改造型名称

2.4.2　造型中心点

1. 认识画布十字准星

打开造型，在画布中间位置有一个十字准星（见图 2-17），对应着坐标原点，它不能被移动。对于造型来说，它是造型在画布中的基准点，也称"造型中心点"。

※ 注意：

"造型中心点"是指造型在定位、旋转或缩放时会以此为基准点，并不代表其一定在造型宽和高的中间位置。

添加"Bell"角色，观察其造型和十字准星的相对位置（起初造型遮住了十字准星）。用选取工具框选整个造型，再将其左移，直到露出十字准星，如图 2-18 所示。

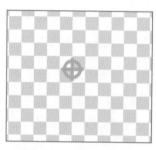

图 2-17　画布十字准星

图 2-18　调整造型位置

框选造型的方法如图 2-19 所示。

框选造型的方法：

先选中选取工具，再从造型外某位置开始，按下鼠标左键拖拉出方框，使其包含整个造型。

图 2-19　用鼠标框选造型

2. 认识造型中心点

造型在做旋转、移动或缩小、放大等动作时，都围绕这个中心点进行。

（1）旋转角色

当把铃铛造型的位置调整到图 2-18 后，在角色列表区修改其方向值，即其面向的方向，如图 2-20 所示。继续设置方向值，观察舞台上铃铛围绕着哪个点在旋转，再修改铃铛的位置，如图 2-21 所示。继续尝试，可以发现，角色围绕造型中心点旋转。

（2）角色定位

以小猫角色为例，如图 2-22（a）所示，当执行指令"移到 x:0 y:0"后，发现小猫定位在舞台的中间，这是因为在第一个造型中，小猫的十字准星放置在舞台的中间位置上。

　　如果将画布上小猫造型分别选中，移动小猫，使其离开十字准星，改变造型中心点位置，如图 2-22（b）所示，则执行指令"移到 x:0 y:0"后，小猫就不在舞台的中间位置了。

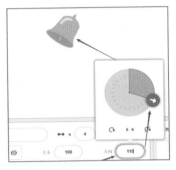

图 2-20　造型围绕中心点旋转

图 2-21　修改造型位置

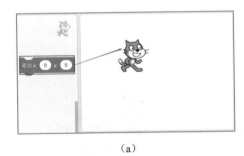

（a）

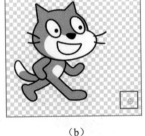

（b）

图 2-22　角色以中心点定位

　　显然，给角色确定的 x 和 y 坐标，其实是指相对中心点的位置。

（3）缩放角色

　　按照图 2-23 所示的程序段，给小猫角色编写程序，当绿旗被点击时（事件模块），将角色大小设置为 100（外观模块），即 100%，表示和原来的大小一样；接着将其移动到坐标（0,0）的位置（运动模块）；继续重复 10 次（控制模块），每次将角色缩小 5%（外观），并等待 1 秒（控制）延时。

　　为了便于观察位置，建议在舞台背景中添加坐标系图片。

　　再来设置小猫造型中心点的位置，首先保持默认位置，即画布中心点在小猫造型的中间位置。运行图 2-23 的程序段，观察小猫围绕哪个点缩小。

　　（注：为与程序中截图一致，书中"当绿旗被点击"为固定搭配，其他情况使用"单击"。）

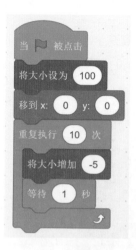
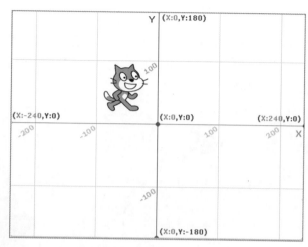

图 2-23　小猫围绕中心点缩小

将小猫造型移动到十字准星的左上角，如图 2-24 所示，再次运行程序，观察小猫缩小的具体过程；同样，再将小猫造型移动到十字准星的左侧，如图 2-25 所示，运行程序，观察小猫缩小的具体过程；显然，角色在缩小或放大时都是围绕着造型中心点来进行的。后续编程中也经常会根据需要调整造型位置。

图 2-24　移动小猫造型的位置 1　　　图 2-25　移动小猫造型的位置 2

3. 添加十字准星辅助线

我们在调整造型的位置时，发现造型把十字准星遮盖住了，这给造型调整带来了极大的不便。为此，可以添加十字准星辅助线。

（1）绘制十字准星辅助线

建立新角色"中心点"，打开其造型，选用"直线"工具，设置好颜色，按住 Shift 键不松手，再按下鼠标左键拖动鼠标画出一条水平线段；用"选取"工具选中水平线段，将其移动到十字准星上与水平线重合；同样，再画出垂直线段（按下 Shift 键），并移动它，使其与十字准星的垂直线重合。

如图 2-26 所示，十字准星辅助线绘制完成。

（2）认识造型控点

打开小猫角色的第一个造型，用选取工具选中造型，如图 2-27 所示，观察到造型四周有 8 个控点。控点 1 和 2 是水平方向上的中点，控点 3 和 4 是垂直方向上的中点。

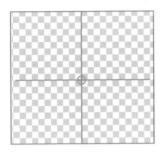

图 2-26　十字准星辅助线　　　　图 2-27　造型控点

（3）精确调整造型位置

打开辅助线造型，将其全部选中，单击"复制"按钮。再打开小猫造型，单击"粘贴"按钮，辅助线就可以添加进来，如图 2-28 所示。再选中小猫造型（此时可以连同辅助线也选中，按住 Shift 键并逐个单击辅助线的水平线和垂直线，即可取消选取），移动小猫造型，让其水平方向上的中心控点和垂直方向的中心控点正好落在辅助线的两条线段上即可。也可以按下放大按钮，将编辑区放大，便于观察和调整。

如图 2-29 所示，调整 L 方块造型的中心点位置，就是用这种方法实现的。

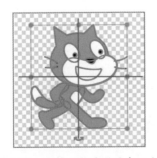
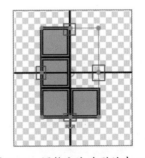

图 2-28　调整小猫造型的中心点　　　图 2-29　调整方块造型的中心点

※Shift 键使用小技巧：

1.绘制线段时，同时按下 Shift 键，可以绘制出水平或垂直或倾斜 45 度角的线段。

2. 绘制圆形或正方形时，需要同时按下 Shift 键。

3. 在选取造型时，可以按住 Shift 键逐个多选，也可以逐个取消选中。

本章小结

本章介绍了开发游戏前如何进行需求分析。

- 利用记叙文六要素描述游戏功能。
- 根据游戏功能分析确定游戏规则，游戏规则是游戏的核心和灵魂。
- Scratch 编程基于角色，因此要仔细分析游戏中涉及的角色造型和角色行为，并采用合适的方法呈现分析结果，如思维导图。

问与答

问：用 Scratch 制作游戏前，需要做哪些需求分析？

答：构思游戏功能、确定游戏规则、分析角色造型及动作、呈现分析结果。

问：为什么要呈现分析结果？

答：分析结果可以帮我们厘清角色、角色行为、角色之间的关系，看似在做无用功，实际上为后面的编程节省了很多时间。

问：为什么要添加十字准星辅助线呢？

答：一个造型的位置是以中心点（即十字准星）为基准的，而十字准星会被造型遮盖住，因此，绘制十字准星辅助线可以帮助我们更好地调整造型的位置。

第 3 章

"俄罗斯方块游戏"总体设计

　　小雨从小做事很有规划，比如，每次和姥姥去超市前，会先拿出小本子，问姥姥需要买什么，然后在本子上列出清单，这样可以避免忘记购买某些东西，还能提高购物效率。

　　和很多孩子一样，小雨书桌的墙上张贴着学习计划表，比如哪几天做完几套模拟题、背完多少个单词，等等。

　　每个人的习惯和特点不同，大家找到适合自己的规划方法就行。总之，提前做好设计，会帮助你更好、更高效地解决问题。生活尚且需要规划，学习更是如此！

项目管理者认为：一个优秀的项目，70% 取决于优秀的计划。本章我们将根据前期需求分析所形成的结构图，对俄罗斯方块游戏进行总体规划与设计，形成一份能指导后期编程的设计方案。

3.1　游戏总体设计

从开发者实现的角度看，一款游戏是由哪几个模块组成的？从玩家体验的角度看，又经过了怎样的路径，具备哪些交互方式呢？下面分别从这两个角度进行介绍。

3.1.1　功能模块设计

1. 自顶向下思想

我们面对一个作文题目或者一道数学应用题时，需要经过认真的分析，才慢慢有了解题思路。面对一个新的编程项目时，起初也会很迷茫，但如果把它分解为许多小的功能模块，设计思路便会逐渐清晰，如图 3-1 所示。

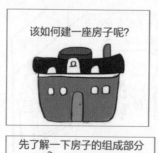

图 3-1　设计思路逐渐清晰

也就是说，面对一个新的问题时，可以先搭建骨架，再填充内容；或者先关注整体，再聚焦细节。在软件设计领域，这属于一种自顶向下的问题解决思路。比如，当你要写一篇文章的时候，总是先去构思文章的中心思想，围绕该中心需要设计哪几个段落，每个段落主要表达什么意思……文章架构搭建好后，再详细地填充每个段落的文字。

2. 分解项目模块

前期我们对俄罗斯方块游戏进行的角色行为分析，就是一个从宏观到具体、从角色到其行为逐层细化的过程，每个分支可以作为一个独立的功能模块，比如方块随机出现、下落等。表 3-1 列出了主要功能模块。

表 3-1　主要功能模块

序号	模块名称	主要功能
1	方块随机出现	每个方块对齐网格，等待出现
2	方块下落	方块自动下落，碰到底边或其他方块就复制
3	方块左右移动及造型切换	方块能左右移动，也能切换造型
4	下一个方块出现	当前方块落下后，新的方块出现
5	判断满行与消除满行	判断为满行后，就把这几行消除掉
6	统计分数及扩展功能	根据满行数统计得分，并扩展其他功能

3.1.2 人机交互设计

让我们换位思考，想象一下，如果你是玩家，在从头到尾体验游戏的整个过程中，需要经历哪些关键点？如果这些关键点玩家感觉舒适和友好，那么他们一定会喜欢你的作品。比如，刚打开游戏时，界面上是否有游戏规则介绍？如何进入游戏界面？是否有暂停/继续功能……

1. 认识人机交互 ❶

玩家玩游戏时，都需要和机器进行交互。比如，当按下绿旗时，游戏开始；当按下空格键时，方块出现；当按下左移键时，方块向左移动等。这些就是人机交互中的"事件"。

---

❶ 百度百科中对"人机交互"的界定：指人与计算机之间使用某种对话语言，以一定的交互方式，为完成确定任务的人与计算机之间的信息交换过程。

如果一个游戏的交互设计得友好，能使玩家有很好的体验。比如 QQ 农场游戏，如图 3-2 所示，这里没有生硬显眼的按钮，而是用农场中的房子、花草等起到按钮的作用，让玩家很快地进入游戏场景中，感觉自己好像真的在种菜、施肥一样。

图 3-2　QQ 农场游戏

所以，很多企业在开发游戏时，会有一个专门的职务——交互设计师，他们负责从玩家的角度设计人机交互方式。

2. 设计交互关键点

俄罗斯方块游戏虽然没有 QQ 农场游戏那么复杂，但是也可以设计一些人机交互方式。比如，当绿旗被点击时，显示"说明界面"；当按下"开始"按钮时，显示"网格界面"；"开始"按钮还可以设置成多彩闪动的效果，吸引玩家的眼球。

当进入游戏界面时，网格上方会出现一个方块，按下方向键可以控制方块左右移动，按下上移键可以切换造型等。每次切换造型时，或者当方块下落到底边时，尤其消除满行时，都可以播放相应的音效……

图 3-3 是用思维导图表示的俄罗斯方块游戏中的"人机交互设计图"。当然，你可能还会有更多的创意，比如，通过视频侦测功能实现体感玩游戏，或者通过外接硬件来控制方块的各种移动……但也要注意设计的恰当性，避免过于花哨。比如，如果设置太多的按钮等互动方式，反而会让玩家无从下手。

设计出了交互关键点后，我们一起来看看在 Scratch 中使用哪些指令来实现这些功能。

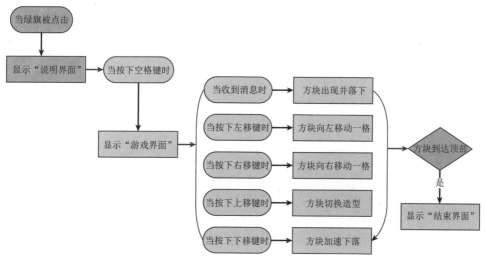

图 3-3　人机交互设计

3．Scratch 交互指令

（1）认识事件

如图 3-4 所示，小雨同学想打开电视，该如何操作呢？

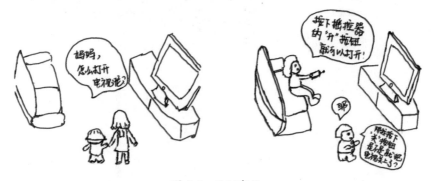

图 3-4　认识事件

其实，游戏中人机交互的实现方式也类似于开关电视，这里我们用到了更专业的概念——事件。所谓事件，是指可以被程序侦测到的用户的行为。比如对于"当绿旗被点击"事件，如果程序侦测到绿旗被点击，即触发了这一事件，那么程序就会执行该事件下的行为；反之，如果玩家没有触发这一事件，那么事件下的行为就不会被执行。

（2）Scratch 事件指令

指令区的"事件"模块中提供了多个积木块，如图 3-5 所示。从外观上看，这些积木块上方是弧形，不能连接积木块，而下方则可以连接其他积木块，代表着这是一段程序的开始。

比如，当按下某个按键或者任意键时，就执行后续指令；当背景切换到指定名称的背景时，就执行后续指令……此外，"控制"模块中还有一个"当克隆体启动时"的事件指令，后面将会用到。

试一试

选中小猫角色，在脚本区编写程序，如图 3-6 所示。这段程序意味着：当按下空格键，显示"按下了空格键！"文字，同时小猫也朗读这句话。

（需要预先单击指令区下方的"添加扩展"按钮，将"文字朗读"指令添加进来。）

图 3-5　事件指令　　　　图 3-6　程序段举例

 **基本元素设计**

完成了游戏的总体设计后，我们再来看看组成游戏的基本元素有哪些。基本元素包括三部分：游戏界面、角色造型、变量。

3.2.1 界面设计

1. 设计内容

根据前期分析，游戏中一共需要建立 3 个界面：说明界面、网格界面及结束界面。表 3-2 中列出了每个界面的作用及包含的内容，图 3-7 是在纸上快速绘制的界面草图。读者可以选用自己喜欢的方式来设计。

表 3-2　界面设计

序号	界面名称	主要作用	包含内容
1	说明界面	告知用户游戏的玩法	文字说明、开始按钮等
2	网格界面	玩家移动方块的界面	网格、提示区等
3	结束界面	游戏结束，显示最终得分	显示得分

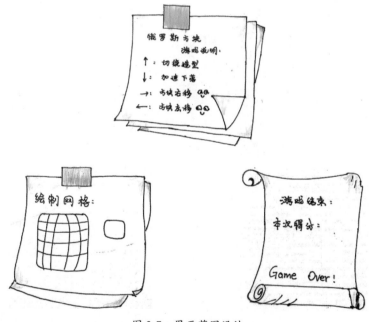

图 3-7　界面草图设计

2. 网格数估算

网格行数和列数分别设置为多少合适呢？需要估算一下。Scratch 舞台宽度为 480 像素，高度为 360 像素。假定一个小格子（正方形）的边长为 20 像素，去除网格左右需要预留出显示得分、提示方块等区域（如 100 像素），剩余的区域为宽度 380 像素，高度为 360 像素。再去除上下左右四周的空隙，本游戏中网格的宽度和高度分别设置为 300 像素和 240 像素，即 15 行 12 列的网格。

3.2.2 造型设计

表 3-3 是目前分析出来的每个角色的具体情况，包括：角色名称、每个造型的形状及名称。对于"命名"没有限制，但是建议尽量做到"见名知意"，这样在以后编程时会方便很多。

表 3-3　角色及造型设计

角色名	造型列表及命名	角色名	造型列表及命名
L	 L_1　L_2　L_3　L_4	S	 S_1　S_2
J	 J_1　J_2　J_3　J_4	Z	 Z_1　Z_2
T	 T_1　T_2　T_3　T_4	O	 O_1
I	 I_1　I_2	检测器	 长条 小点

3.2.3 变量设计

1. 常量

常量就是在程序运行期间始终不改变的数据，在内存中不占用空间。如图 3-8 所示，两条指令中的"90"和"10"，在程序运行过程中始终不变，因此属于常量。

2. 变量

变量是指在程序运行期间需要改变的数据。每个变量有唯一的名称，在内存中有自己的地址。如图 3-9 所示，"步数"变量初值是 10，每按一次右移键，角色向右移动一次，移动的距离是"步数"值，每移动一次"步数"变量值增加 5。

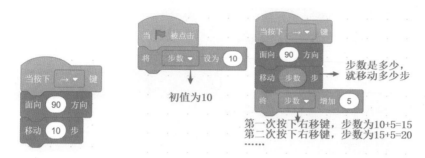

图 3-8　程序段中的常量　　　图 3-9　程序段中的变量

3.2.4　变量类型

1. 普通变量和列表变量

普通变量是和列表变量相对的。普通变量建立后，会在内存开辟一个空间，其中可以存储一个数据，如得分、速度等。

列表变量则可以存储一组数据，它在内存中对应着多个连续的空间，比如要保存 10 个同学的姓名或者成绩，用列表就比较方便，如图 3-10 所示，整个列表的名称叫"姓名"，通过列表中的索引号可以读取每个同学的姓名。

图 3-11 所示是用普通变量存储每个同学的姓名，如果需要输出同学们的姓名，只能逐个通过变量名读取。

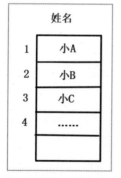 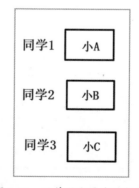

图 3-10　用列表存储数据　　　图 3-11　用普通变量存储数据

2. 使用普通变量

如图 3-12 所示，选中小猫角色，打开"变量"模块，单击"建立一个变量"按钮，弹出"新建变量"对话框，输入变量名"得分"，其他保留默认设置，单击"确定"按钮后，"得分"变量建立成功。

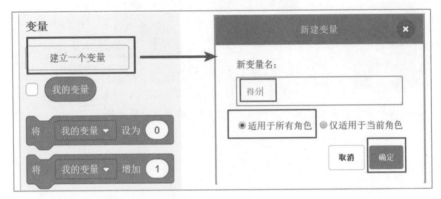

图 3-12 建立"得分"变量

有了该变量，就可以对其进行读和写的操作，指令如图 3-13 和图 3-14 所示。

图 3-13 对变量写操作的指令

图 3-14 对变量读操作的指令

用上述方法可以建立表 3-4 中的 3 个变量。需要注意变量的作用范围："全局"指该变量可以被程序中的所有角色使用，"局部"表示该变量只属于某个角色，对于其他角色不可见（9.1.3 中用到）。

这里的 3 个变量都是"适用于所有角色"的全局变量。

表 3-4 变量设计

序号	变量名	作用	作用范围及初始值
1	得分	用于统计游戏最终的得分	适用于所有角色，初始值为 0
2	满行数	每检测到有一行满，就加 1	适用于所有角色，初始值为 0
3	速度	当按下下移键，加速落下	适用于所有角色，初始值为 0

3. 使用列表变量

在变量模块里，单击"建立一个列表"按钮，出现如图 3-15 所示的对话框，输入列表的名称，比如"姓名"，默认"适用于所有角色"，单击"确定"按钮后，"姓名"列表建立成功。新建立的列表没有数据，显示"空"，长度为 0。

图 3-15 建立列表变量

（1）插入数据

如图 3-16 所示，向"姓名"列表中依次插入 4 个数据，分别为 A、B、C、D。列表的每个数据为一项，每项包含两个内容：一个是位置号，也叫索引号或者下标，从 1 开始计数；另一个是实际存放的数据，如 A、B、C、D。

图 3-16 向列表中插入数据

还可以在列表指定位置插入数据，如图 3-17 所示。若希望在 B 后面插入 E，即新数据要插入索引号为 3 的位置，如图 3-18 所示。单击执行该条指令，观察列表（图 3-19）中是否添加了字符 E。

图 3-17　在指定位置插入数据

图 3-18　在第 3 项插入 E

图 3-19　列表中插入数据的效果

（2）删除数据

如图 3-20 所示的是删除列表中数据的两条指令，其含义分别是：删除列表中的所有数据、删除列表中指定位置上的数据。

试一试

1. 编写程序，将列表的第 4 项数据删除。

2. 为了避免多次运行程序列表数据重复插入的问题，可以设置当绿旗被点击时，先删除列表的全部项目。程序段如图 3-21 所示。

图 3-20　删除列表数据的指令

图 3-21　列表指令练习程序段

（3）读取数据

除了插入数据和删除数据外，还可以读取列表中指定项的数据，或者读取列表的长度值。图 3-22 中的 1、2、3 条指令，其积木块形状为圆角矩形，属于数据指令，即返回某一个数据，可以将其插入其他指令中使用。

比如，要在屏幕上显示出列表的长度，可以到"外观"模块找到图 3-23 所示的指令。用鼠标单击这条指令，观察舞台上的小猫角色是否说"4"。

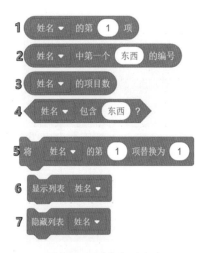

图 3-22　列表相关指令　　　　　　　图 3-23　显示列表长度的指令

（4）判断和修改数据

如图 3-22 所示，第 4 条指令表示查找列表中是否含有某个数据，如果含有，则返回"真"，否则为"假"。该条指令积木块为菱形框，放在判断指令中使用。

如图 3-24 所示的第 1 条指令，判断如果列表中包含 B，则说出"列表里包含 B"。请试一试，观察舞台上有没有显示这句话。

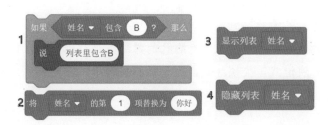

图 3-24　判断和修改的指令

如果想修改列表中某一项的数据，可以使用图 3-22 中的第 5 条指令。例如，把列表第一项中的数据修改为"你好"，指令如图 3-24 中的第 2 条指令，用鼠标单击这条指令，观察列表第一项的数据有没有修改为"你好"。

　　另外，还可以把舞台上的列表变量设置为显示或隐藏，如图 3-24 中的第 3 条指令和第 4 条指令。在程序运行时，通常将列表数据隐藏起来，以免其影响游戏体验；而在调试程序时，通常将其显示出来，以观察列表中数据的变化。

本章小结

　　本章介绍了项目总体设计和基本元素设计的过程，对常量与变量，以及普通变量和列表变量进行了区分。

- 设计游戏交互关键点，用思维导图呈现人机交互设计。
- 认识事件，事件是指可以被程序侦测到的行为。
- 常量就是在程序运行期间始终不改变的数据，在内存中不占用空间。
- 变量是指在程序运行期间需要改变的数据，每个变量有唯一的名称，在内存中有自己的地址。

问与答

　　问：游戏总体设计是一步到位还是后期需要反复调整？

　　答：在实际编程中，由于对游戏理解深度不够，起初分析和设计得比较粗糙，考虑的要素较少，游戏总体设计可以是一个迭代的过程：分析→设计→编程，循环往复。

　　问：人机交互设计有哪些注意事项？

　　答：从玩家的角度设计人机交互，可以充分发挥自己的创意，使游戏更人性化，但要也注意设计的恰当性，避免过于花哨。

　　问：基本元素的设计是固定的吗？

　　答：基本元素的设计是可以发挥自己的想象力进行创新的，但如果你是第一次制作俄罗斯方块游戏，欠缺经验，为了提高成功率，避免失误，建议你先按照本书的设计进行。

第 4 章

"俄罗斯方块游戏"素材准备

新型冠状病毒肺炎疫情期间，小雨在家除了上网课，还爱上了做美食，尤其喜欢做蜂蜜小面包，烤熟后的面包金灿灿的，再刷上一层甜甜的蜂蜜，外酥里嫩。

当然，要烤出色香味俱全的面包，可是需要下一番功夫的，比如准备食材时，用低筋面粉还是高筋面粉，面团要揉到什么程度等，都是有讲究的。

周末闲暇，去超市采购食材为家人做什么香甜甜的蜂蜜小面包吧！

注意：
- 一定要使用高筋面粉啦！否则面包口感会很硬。
- 一定要揉出手套膜呀！这个步骤很关键。
- 刷た3蛋二次醒发啦！

放入烤箱，145度烤20分钟

出锅啦！

从本章开始，我们来绘制网格背景和各种方块造型，将涉及大小、位置、造型等，需要足够的耐心和毅力哦！

4.1 绘制游戏界面

4.1.1 绘制说明界面

说明界面主要由一个矩形背景和多行文字组成。具体操作方法为：在角色列表区右侧找到背景列表区，选中背景区，再打开"代码/背景/声音"选项卡中的"背景"，在画布中添加文字说明。

1. 绘制矩形框

如图 4-1 所示，首先设置好填充的颜色，轮廓粗细设置为 0，代表无边界。在工具栏里找到"矩形"工具，在编辑区拖出一个与舞台大小相同的矩形框，即 480 像素 ×360 像素。如果绘制小了也没关系，可以用"选取"工具选中该矩形，再拖动其四周的控点改变矩形大小。

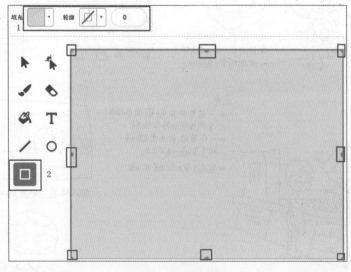

图 4-1　绘制矩形框

2. 添加文本

（1）添加标题

设置好填充的颜色和字体后，再用"文本"工具在画布中输入文字"游戏操作说明"，如图 4-2 所示。如果觉得不满意，可以再次选中"文本"工具，单击要修改的文字，此时文字处于可编辑状态。

移动、旋转文字或者调整其大小时，先用"选取"工具将文字选中，此时文字周边出现控点，如图 4-3 所示。拖动控点可以改变文字大小；将鼠标指针移到旋转控点上，按住左键并拖动，可以旋转文字；将指针移动到文字上，按住鼠标左键并拖动，可以移动文字。

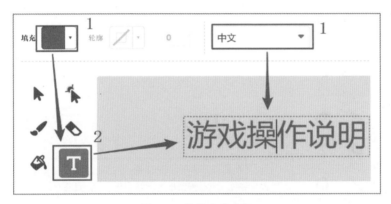

图 4-2　编辑文字内容

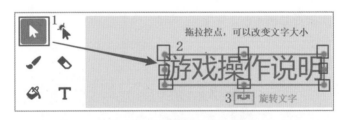

图 4-3　改变位置、大小等

（2）输入 4 个箭头

选择一个中文输入法，如搜狗拼音输入法，输入拼音"shang"，状态栏除了会出现同音的字外，还有一个向上的箭头，如图 4-4 所示。同理，输入"xia"，可以看到向下的箭头。

图 4-4　输入箭头

3. 复制文本

如图 4-5 所示，使用"选取"工具选中文本后，单击"复制"按钮，再单击"粘贴"按钮，画布中多出了同样的文本，继续单击"粘贴"按钮两次，此时编辑区中一共有 4 行类似文本，再分别选中，修改文字并调整其位置即可。

图 4-5　选中和复制文本

最终的说明界面如图 4-6 所示，别忘了将这个背景造型名称修改为"说明界面"。

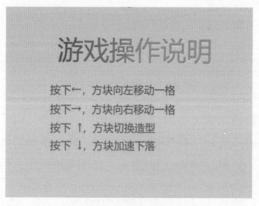

图 4-6　说明界面参考效果

你是否发现了这里的"游戏操作说明" 6 个字为渐进颜色？可以用"选取"

工具选中这 6 个字，然后在"填充"下拉列表里选择"渐进色"，具体操作可以参考附录 B。

4.1.2 绘制网格界面

1. 在画布中绘制网格

网格的基本组成元素是小方格，我们约定每个小方格的边长是 20 像素。当绘制出一个小方格后，通过复制、粘贴和组合等操作，最终形成 15 行 12 列的网格。

（1）绘制小方格

在背景列表区中，"绘制"一个新的背景，名称设为"网格界面"。下面开始绘制小方格。

如图 4-7 所示，首先确保在等比例视图下，选择"矩形"工具，设置好填充颜色、轮廓颜色及轮廓粗细（统一设置为 2），按住 Shift 键，再按住鼠标左键并拖动鼠标绘制出一个正方形，绘制时观察其尺寸值，使其边长为 20 像素。

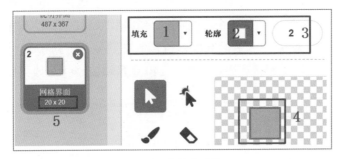

图 4-7　绘制小方格

1. 用鼠标拖放小方格的一个控点，观察此时是以哪里为基准缩放图形的。

2. 如果按下 Alt 键，再用鼠标拖动小方格的控点，观察此时又是以哪里为基准缩放图形的。

（2）复制小方格

有了这个小方格，再利用"复制、粘贴"功能就可以产生很多小方格，具体操作如下：

选中小方格，依次单击"复制""粘贴"按钮，画布中多出了一个小方格，如图 4-8 所示，目前整体图形尺寸为 25×25（因为两个小方格部分重叠）。选中第 2 个小方格，分别使用方向键对其微调，边调整边观察整体图形尺寸变化，直到整体图形尺寸变为 40×20，说明两个小方格摆放整齐。

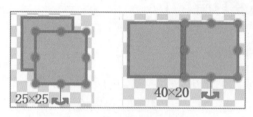

图 4-8　复制和摆放小方格

※ 注意：

在调整图形大小或者位置时，需要在等比例模式下，此时每按一次方向键，图形会默认移动一个像素。

（3）生成一行小方格

按住 Shift 键，依次单击两个小方格，将其全部选中，再单击"复制"和"粘贴"按钮，就可以产生 4 个小方格；将其移动、摆放，使其宽度和高度分别为 80 像素和 20 像素。之后再选中、再复制粘贴……直到将 12 个小方格摆放为一整行为止，最终的宽度和高度分别是 240 像素和 20 像素。效果如图 4-9 所示。

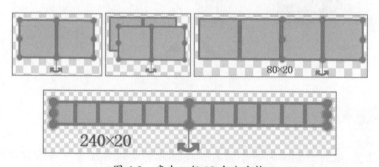

图 4-9　产生一行 12 个小方格

（4）产生多行小方格

如何产生 15 行小方格呢？你一定能想到，将一行小方格全部选中，再复制、粘贴后，会形成 2 行小方格，调整位置，使得 2 行小方格的尺寸为 240×40，如图 4-10（a）所示。参照此方法，可以建立 15 行 12 列的网格，如图 4-10（b）所示，其显示的尺寸是 240 像素 ×300 像素。

为网格添加背景图片

打开"说明界面",将矩形框图形选中,单击"复制"按钮,再打开"网格界面",单击"粘贴"按钮。发现网格被粘贴来的矩形遮盖了,没关系,只需要选中矩形背景,单击上方的"放到最后面"按钮就可以了,如图 4-10(c)所示。

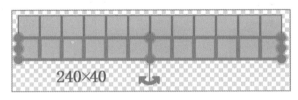

（a）产生 2 行 12 列小方格

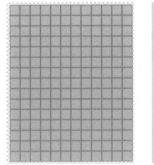

（b）建立网格

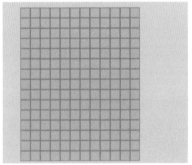

（c）给网格加背景

图 4-10 产生多行小方格

既然背景的图形可以复制,那么角色的造型是不是也可以复制呢?你能绘制出如图 4-11 所示小猫开车的造型吗?试一试吧!

图 4-11 复制和组合造型

2. 调整网格位置

网格应该放在舞台上的什么位置呢？这个主要看编程人员对游戏界面的布局设计。但有一点需要注意，网格底部离舞台边缘的距离需要做特殊考虑。

从下面的例子中就能理解为什么需要特殊考虑。

在 Scratch 中，小猫起始位置为（0,0），当按下右移键，小猫向右移动 10 步，同时说出此时的 x 坐标。程序段如图 4-12 所示。

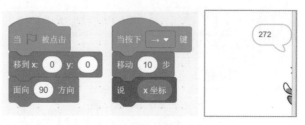

图 4-12　角色移动程序段及效果

观察小猫说出的数值，从 0 开始，每按一次右移键，依次说出 10、20、30、…、260、270…但注意，小猫到达右侧边缘无法走动时，x 坐标不是 280，而是 272，没有按照已有规律递增，这是 Scratch 本身固有的特点。

在该游戏中，当方块下落到网格底部时，需要复制。为避免坐标不准的问题，就让网格底边离舞台边缘的距离大于 20 像素，如图 4-13 所示，确保方块下落时不能碰到舞台边缘。

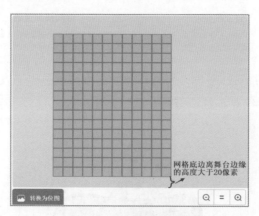

图 4-13　调整网格位置

3. 编程绘制网格

绘图工具中还有"线段"工具，为什么不用它来画出多条线段呢？如图 4-14

所示，显然，绘制时无法确保各个小方格的宽度和高度均匀。所以，这种方法行不通。

Scratch 编程模块中还提供了"画笔"指令，通过编程可以绘制出精确尺寸的网格。如图 4-15 所示的是编程绘制出的 15 行 12 列网格。下面我们一起来动手尝试。

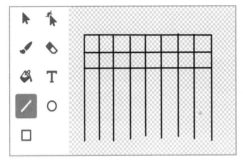

图 4-14　用"线段"工具绘制网格

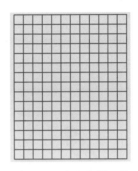

图 4-15　编程绘制网格

（1）添加"画笔"模块

首先添加"Pencil"角色，将其笔尖移动到画布十字准星上，使笔画线的动作更逼真一些。角色大小也可以稍微调小一些，比如 50（即 50%），代表原来大小的一半。再在其代码列表下方，找到"添加扩展"图标并单击，即出现多个扩展模块，选中"画笔"模块后，相关指令就添加了进来，如图 4-16 所示。

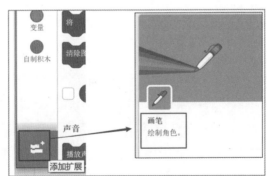

图 4-16　添加"画笔"模块

（2）认识画笔指令

这些指令的功能和我们平时用笔和尺子在纸上画线类似。如图 4-17 所示，首先需要选择用什么型号的笔，比如笔的颜色、粗细等，然后，把笔落到纸上，手握着笔朝某个方向移动，就会在纸上画出线来。手握笔移动的步数越多，画出的线就越长。一行画完后，就抬起笔来，到新的起点，再落笔画线……

如图 4-18 所示，你能找到设置笔的粗细和颜色的指令吗？能找到落笔和抬笔的指令吗？还有类似橡皮擦效果的"全部擦除"指令。注意，Scratch 中无法实现"部分擦除"。

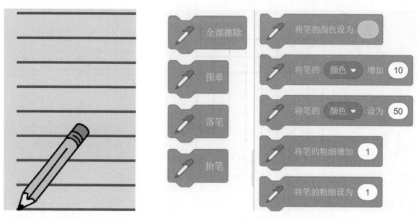

图 4-17　实际画线过程　　　　　　　　图 4-18　画笔指令

（3）编程画水平线段

如果要绘制出 15 行的网格，需要画多少条水平线呢？ 16 条。所以，这里需要用到"控制"模块里的"重复执行 16 次"。每次重复，需要先落笔，向右画线（面向 90 度方向），移动 240 步（12 行 ×20 像素 / 行），再抬笔，接着将笔移动到下一行的最左侧。

显然，每条线段起始位置的 x 坐标相同，y 坐标依次递减 20 像素。假设上方第一条线段左侧的起始位置是（-122,141），那么下一行左侧起始位置应该是（-122,121），以此类推，后续行左侧起点分别是（-122,101）（-122,81）……

找到这个规律后，编程时，就可以通过表达式将其表示出来。这里可以建立一个变量，起名为 i，其初值设为 1，以后每次重复就将 i 值增加 1，从而计算出 y 坐标。程序段如图 4-19 所示，大家可以在角色列表里添加一个角色，并编写程序尝试一下。

（4）编程画垂直线段

图 4-20 所示的是绘制 13 条垂直线段的程序段。绘制每条垂直线段时，起点的 y 坐标相同，x 坐标需要自左向右每次增加 20 像素，于是又用到了 i 变量及其表达式。

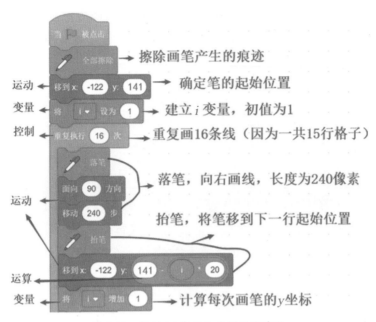

图 4-19 绘制 16 条水平线段的程序段

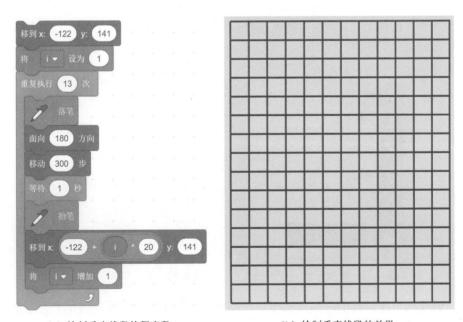

（a）绘制垂直线段的程序段　　　　（b）绘制垂直线段的效果

图 4-20 绘制 13 条垂直线段

恭喜你，现在你已经有两种网格背景了！不过暂时先把画笔角色的指令与"当绿旗被点击"指令分开，即先不执行，后面我们还会就这种情况进行讨论。

4.1.3　建立结束界面

在 Scratch 中有很多自带的背景图片，我们可以根据需要进行选取，再做相应修改即可，"结束界面"就可以按这种方法建立。

1. 添加背景图片

在背景列表区下方，找到"选择一个背景"按钮，如图 4-21 所示。这几个选项分别是：摄像头（现场拍照作为背景）、上传背景（从计算机中上传一个图片文件）、随机（从背景库中随机选取一个背景）、绘制（在画布中自行绘制）、选择一个背景（从背景库中选取一个背景）。

2. 修改背景图片

单击"选择一个背景"按钮，从背景库中找到满意的图片，选中加载即可。如果该图片是矢量图❶，那么可以在画布中继续修改。比如，修改颜色，或者"拆解""组合"各种图形，最后再将名称修改为"结束界面"，结束界面效果如图 4-22 所示。

图 4-21　添加背景

图 4-22　结束界面

到现在为止，我们已经完成了游戏中需要用到的 3 个界面：说明界面、网格界面、结束界面。下面我们再来建立游戏中方块的造型。

---

❶　有关矢量图和位图的详细介绍参考附录 B。

4.2 建立角色造型

由于俄罗斯方块游戏中对于方块造型的大小很敏感，尺寸稍不合适就可能出现下落卡住的问题，所以，在绘制方块造型时，需要将显示比例设置为"等比例模式"，并确保造型的尺寸符合要求。

4.2.1 绘制 L 造型

1. 绘制小方块

在角色列表区选择"绘制"选项，在画布中选择"矩形"工具，设置填充的颜色、轮廓颜色和粗细后，按住 Shift 键，绘制出 20×20 的小方块。这里轮廓颜色参数是：颜色值为 0，饱和度为 0，亮度为 0，粗细为 2（否则方块之间可能会有缝隙）。当然，你也可以设置其他颜色，但是要确保后续所有方块造型的参数一致，因为后面编程时需要统一判断。

2. 组合出 L_1 造型

用"选中、复制、粘贴"功能，配合键盘上的四个方向键，微调小方块的位置。注意，每产生一个新的小方块，在与原有小方块组合时，要注意其尺寸是否正确，否则后期方块下落时可能会出现卡住问题。最后将造型名设置为"L_1"，如图 4-23 所示。

图 4-23 组合 L_1 造型

下划线的输入方法：

在英文输入法状态下，按住 Shift 键，再按下"–"键。

3. 调整造型位置

建立一个十字准星辅助线角色，打开其造型，选中两条辅助线（按住 Shift 键进行多选），单击"复制"按钮，接着选中 L_1 造型，单击"粘贴"按钮，如图 4-24 所示。

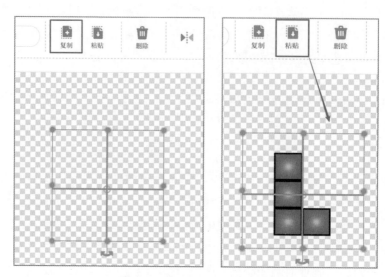

图 4-24　复制十字准星辅助线

接着选中 L_1 造型，用键盘上的 4 个方向键对其进行微调，使造型垂直方向和水平方向的中心控点与辅助线重合，这样，十字准星就在 L_1 造型的中间位置了。

※ 思考：十字准星一定要放在造型的中间位置吗？

不一定，可以根据需要自行调整。这里我们统一将十字准星放在每个角色第一个造型的中间位置。

4. 旋转产生其他造型

L 型方块的其他造型都是在 L_1 基础上将其旋转后所形成的新图形。因此，其他造型就不用重新绘制了，直接使用"旋转"功能即可。

将鼠标指针移动到造型列表区中的"L_1"造型图标上，单击鼠标右键找到"复制"命令，将产生新的 L_2 造型。在该造型的编辑区中，单击"选择"工具，将该造型全部选中，造型下方有一个旋转图标 ↻ 。将鼠标指针移到该图标上，按住 Shift 键的同时，按住鼠标左键并拖动，将其顺时针旋转 90 度。如图 4-25 所示。

※ 注意：

旋转图形时，如果按住了 Shift 键，那么旋转角度只能是 45 度或者 90 度，这样可以确保旋转角度精确。

如图 4-26 所示，L 角色的 4 个造型建立完毕。目前十字准星辅助线还在造型上，我们先保留着，待学习后续章节后再删除。

如果你发现绘制的造型小方块之间有缝隙存在，如图 4-27 所示，可能是因为在绘制这个造型时，没有在"等比例模式"下，导致每次移动或调整位置时，移动的步数不是标准的 1 个像素。另外还有一种可能：方格的轮廓没有设置为 2。没关系，早些发现问题早些解决！如果仅仅要查看图形的话，可以将视图放大或缩小。

图 4-25　旋转造型　　　　图 4-26　造型列表

图 4-27　造型有缝隙

4.2.2　建立其他方块

在建立其他方块造型的时候，可以充分利用 L 角色已有的造型。

1. 建立 J 方块

在角色列表区中，选中 L 角色并将其复制，产生新的角色，名称为"J"。打开 J 角色造型，删除后面 3 个造型，将第一个造型名称修改为"J_1"。

如何将 L_1 造型转换成 J_1 造型呢？如图 4-28 所示，观察两者的特点，显然，他们成对称图形，于是，选中 J_1 造型，单击绘图区上方的"水平翻转"按钮，就形成了 J_1 造型效果。复制 J_1 造型，再经过多次的"复制"和"旋转"后，J 角色的四个造型建立成功，如图 4-29 所示。

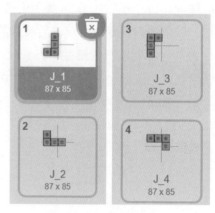

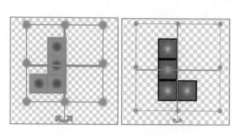

图 4-28　L_1 和 J_1 造型　　　　　图 4-29　J 角色造型列表

2. 建立 T 方块

建立 T 方块造型时，要特别注意每个小方块是否对齐。如图 4-30 所示，乍一看，各个小方块似乎很整齐，造型尺寸也是 60×40。但是仔细观察，发现下方的小方块在水平方向上其实是有些错位的，虽然这个错位没有影响造型的尺寸，但是将来在游戏中下落的时候，和其他方块接近时可能造成"卡住"问题，如图 4-31 所示。

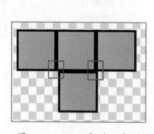
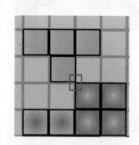

图 4-30　T_1 造型不合适　　　　　图 4-31　卡住问题

别忘了将 T_1 造型的中间位置放置在十字准星辅助线的交点处。

同样，可以建立 I、Z、S、O 型角色造型，要注意，O 型方块旋转时，在 4 个方向上都是相同的，所以只需要建立一个造型。其他 3 个角色旋转一周后只有两种状态，所以需要设置 2 个造型。角色列表如图 4-32 所示，每个角色的造型列表如图 4-33 所示。

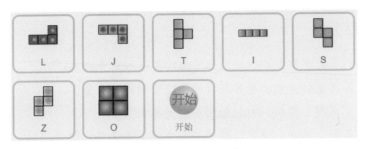

图 4-32　方块角色列表

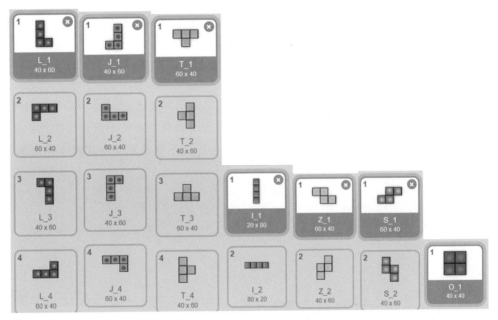

图 4-33　各角色造型列表

还可以设计出更有创意的方块造型，如图 4-34 所示，大胆尝试吧！最终别忘了保存程序文件哟！

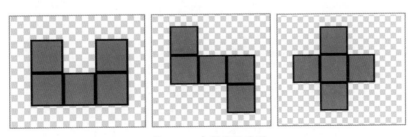

图 4-34　有创意的造型

本章小结

本章我们给俄罗斯方块游戏制作了游戏界面和角色造型。

- 巧用画布里的复制、粘贴等功能快速绘制网格背景。
- 借助"画笔"模块，可以编程绘制网格背景。
- 巧用复制、粘贴、旋转、移动等命令建立多个角色造型。
- 使用 Scratch 提供的背景或者角色，并在原有基础上修改造型。

这些技术不难，但是需要我们熟练操作。后面的学习我们继续加油！

问与答

问：界面和角色造型的效果是否必须和本书中一致？

答：给造型添加渐变色以及卡通造型，可以让游戏更生动，但相对复杂的颜色会给侦测器侦测是否满行造成困难。原因是侦测器通过判断颜色来判断是否满行。因此，对于初学者来说，建议界面设计和角色造型不要设置渐变色和卡通造型。

第 5 章

编程实现——方块随机出现

从本章开始，我们根据表 3-1 所列的各模块主要功能，编程实现各个模块。

这里所说的编程是指"插电编程"，即打开计算机，用编程软件去编写、运行和调试程序，直到实现预期效果。还有一种编程，叫作"不插电编程"，即用语言或者图示设计出具体的实现步骤，也叫"算法设计"。

如果要编写一些小的程序，对于编程达人来说，"算法设计"很可能在头脑中就实现了，但对于新手来说，建议多重视算法设计，在纸上或者利用专门的软件（参考附录 A）绘制流程图。因为，"编写指令"仅仅是"编程"的一个环节，而"算法设计"更重要。

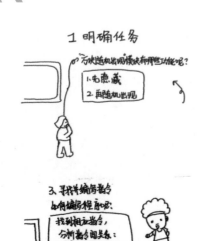

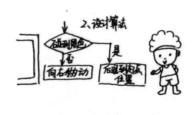

该模块包含两部分内容：一是每个方块造型都能对齐网格并隐藏；二是根据随机数的取值决定当前出现哪个方块。

5.1 方块对齐网格

在设置方块对齐网格前，先要实现 3 个界面的切换。

5.1.1 界面切换

1. 分析与设计

（1）功能描述

当绿旗被点击时，先出现"说明界面"；用户阅读完说明文字后，按下"开始"按钮，出现"网格界面"；当游戏结束时，出现"结束界面"。这里需要添加"开始"按钮。

从角色库中添加"Ball"角色，将名称修改为"开始"。打开其造型列表，保留一个造型，删除其他造型。选中该造型，选取"文本"工具，设置好颜色和字体，在造型上输入"开始"文字，可以对其移动或者缩放大小，直到满意为止。

（2）指令分析

相关指令及其含义如表 5-1 所示。

表 5-1　相关指令及其含义

所属 对象	所属 模块	指令	含义
背景或角色	事件	当 ▶ 被点击	当"绿旗被点击"时，执行其下方的指令
角色		当角色被点击	当这个角色被点击时，执行其下方的指令

续表

所属 对象	所属 模块	指令	含义
背景或角色	外观	换成 说明界面 ▼ 背景	将当前背景切换到指定界面

（注：为与编程中截图一致，书中"当角色被点击"为固定搭配。）

2. 编程实现

（1）编写程序

有关事件的含义在前面章节中有详细介绍，若有需要，可以再翻阅查看。

如图 5-1（a）所示，该程序段的功能是："当绿旗被点击时"切换为"说明界面"。图 5-1（b）程序段实现了"当角色被点击时"切换为"网格界面"。指令可以从表 5-1 中"所属模块"列所对应的模块中找到。

（a）显示说明界面的程序段　　　　（b）显示网格界面的程序段

图 5-1　编写程序

（2）测试程序

先选中舞台背景中的第二个或第三个（即起初舞台上不显示说明界面），然后单击绿旗，观察是否切换到了"说明界面"，如果是，说明图 5-1（a）的程序段正确；再单击"开始"按钮角色，观察是否切换为"网格界面"。

（3）调试程序

如果测试程序时，发现结果和预想的不一致，那么就需要从有问题的指令开始，逐条指令分析，及时查找原因并修改程序，这个过程叫作"调试程序"。

后面我们会发现，调试是伴随着编程的整个过程。所以，尽量在写完一小段程序时就立即测试，发现问题尽早解决，不要等到写完大段程序后再调试。

5.1.2 方块设置

1. 分析与设计

（1）功能描述

当网格界面出现后，舞台上方接着会出现一个方块造型，并且其造型与网格线对齐。因为出现的方块是随机的，所以这部分的重点是：为每一个角色确定好初始位置，并确保其每个造型都能与网格对齐；再将它们隐藏，待需要时显示出来。

（2）指令分析

相关指令及其含义如表 5-2 所示。

表 5-2　相关指令及其含义

所属对象	所属模块	指令	含义
角色	运动	移到 x: 0 y: 0	（0,0）代表坐标原点，指将角色瞬间移到原点位置，x 值和 y 值可修改
角色	外观	换成 L_1 造型	切换到指定名称的造型
		显示　隐藏	将角色显示或隐藏

2. 编程实现

先在舞台背景列表里单击"网格界面"，将其显示，以便调整方块的位置，使其对齐网格。

（1）方块初始设置

选中 L 方块，编写指令如图 5-2（a）所示。其含义是：当绿旗被点击时，L 角色先换成 L_1 造型，并且移动到指定坐标（-37,91）的位置。

※ 确定 L 方块坐标值：

选中 L 角色，打开 L_1 造型，将方块拖动到网格上方，使其与网格线大概对齐，如图 5-2（b）所示，再将"运动"模块里的"移到 x:_ y:_"指令拖到脚本区即可。

※ 注意：

由于网格背景中网格位置不同，所以实际操作程序中方块的 x 坐标和 y 坐标会和本书中不一致，按照实际数据运行即可。

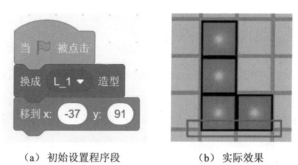

（a）初始设置程序段 （b）实际效果

图 5-2 设置方块初始位置

（2）方块位置微调

观察图 5-2（b），L 方块与网格目前只是大概对齐，其下边缘与网格线有些许重叠，在全屏模式下观看会更明显。所以，还需要修改坐标值，使 L 方块的位置向上一些。

参考 1.2.1 中图 1-4 的舞台坐标约定，y 坐标值自下而上不断增加，所以可以将 y 值增加一点。先试着修改为 92，运行程序，观察此时 L 方块是否与网格对齐，修改后的程序和效果如图 5-3 所示。（注意：实际程序中的数值未必是 92，以实际情况为准。）

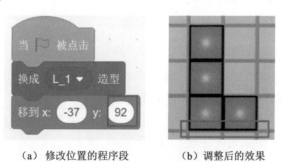

（a）修改位置的程序段 （b）调整后的效果

图 5-3 微调 L 角色

（3）设置其他造型对齐网格

刚刚调整的是 L 方块的 L_1 造型，使之对齐网格，那么其他造型是否也对齐网格了呢？我们来检查一下，打开 L 方块的造型列表，逐个单击其他造型，观察其在舞台上的位置。显然，这些造型和网格并没有对齐。

※ 想一想，能否再次使用移动坐标指令来调整呢？

"移动坐标"是针对角色而言的。依据 L_1 造型确定好 L 方块的位置后，其他造型的对齐就不能再修改坐标值，否则就乱套了。所以，需要另辟蹊径，即：修改其他 3 个造型在画布上的位置，使其对齐网格。

观察 L_2、L_3 和 L_4 3 个造型，目前十字准星位于造型的中间位置。当移动造型使其远离十字准星，也能让造型逐渐地与网格对齐。按照这个思路，对 L_2 造型进行微调。

先设置画布为等比例显示，如图 5-4（a）所示。用选取工具框将 L_2 全部选中，分别使用 4 个方向键对其进行微调，边调整边观察舞台上造型的位置，直到其与网格对齐为止，如图 5-4（b）所示。为了看得清楚，可以设置为全屏模式，观察造型在舞台上的位置变化。

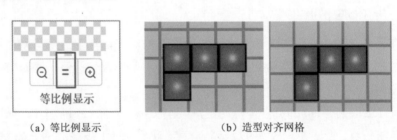

（a）等比例显示　　　　　　　　　（b）造型对齐网格

图 5-4　对齐网格

参照同样的方法，再调整 L_3 和 L_4 造型的位置。

※ 注意：

1. 微调在等比例视图下进行。

2. 调整完某个造型的位置后，需要"取消"选中（在画布其他位置单击鼠标左键即可），以免后续移动方块时造成误操作。

3. 这个过程需要足够仔细，如果方块没有对齐网格，在后面下落时很容易出现"方块卡住"问题。

L 方块调整完后，可以再调整 J 方块的 4 个造型，分别使其对齐网格，其他方块的调整建议读者后续自行完成。接下来我们就集中精力实现"方块随机出现"的功能。

5.2 方块随机出现

5.2.1 关联知识

1. 认识随机性

随机性,也叫不确定性。现实生活中人们习惯追求平稳,尽量避免变化;而在虚拟的游戏世界中,人们则愿意去挑战和尝试未知的事物。比如,游戏中时不时出现的炸弹,抽奖转盘指针最后的摇摆定位等,都会牵引着玩家的心。当然,随机性并不是越多越好,太多了可能会让玩家觉得游戏不可控,从而产生厌烦心理。

Scratch 中有专门的取随机数指令。在"运算"模块下,找到"在 1 和 10 之间取随机数"指令,将其拖放到脚本区。单击该指令,会出现一个数字,如图 5-5 所示。每次单击后,结果可能都不一样,但一定是 1 到 10 之间的某个数值(包括 1 和 10)。

所以,该指令返回的是数值,可以将其放置在其他积木块里作为参数。如图 5-6 所示,方块造型编号根据随机数来确定。运行该指令,观察 L 方块造型是不是随机切换了呢?

图 5-5　取随机数指令

图 5-6　随机数作为造型编号

※ 注意:

指令里的 1 和 10 是默认值,可以根据实际需要修改,取整数或小数都可以。

2. 认识消息

(1) Scratch 广播机制

在 Scratch 中,一个角色无法控制另一个角色的动作,但是可以用"广播消息"来通知对方。就像打电话一样,拨号方可以把消息传递出去,接收方收到消息后,可以执行相应的动作,如图 5-7 和图 5-8 所示。

图 5-7 拨号 - 接听电话　　　　　　图 5-8 发送和接收消息

（2）广播消息指令

广播消息的过程：在"事件"模块下找到"广播消息 1"指令，消息名默认为"消息 1"，可以在下拉框中输入新的消息名，如图 5-9 所示，消息名称也尽量遵循"见名知意"原则。比如，要给不同的方块广播消息，消息名可以设置为"L 出现、J 出现……"。

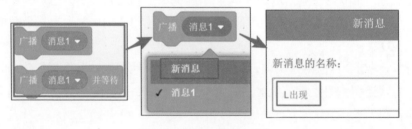

图 5-9 广播（发送）消息

（3）接收消息指令

选中接收方角色，在"事件"模块中找到"当接收到消息 1"指令，选择对应的消息名称。如图 5-10 所示，小猫广播消息"苹果说话"，然后显示"你好，我是小猫！"苹果接收到"苹果说话"消息后，显示"你好，我是苹果！"2 秒后消失。

图 5-10 广播和接收消息

你一定还发现了另一条指令——"广播消息并等待"。从字面上理解，这条指令的含义应该是：发送完消息后，后续指令先不执行，而是等接对方接收到消息并执行完程序后，发送方才继续执行后续指令。

运行图 5-11 所示的程序段，舞台上先出现"你好，我是苹果！"2 秒钟后，才显示"你好，我是小猫！"

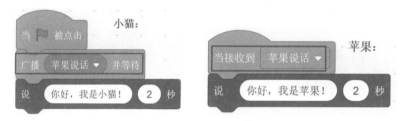

图 5-11　广播消息并等待的程序段

有了这些知识储备后，我们再来编程实现方块随机出现的功能。

5.2.2　编程实现

1. 分析与设计

（1）功能描述

先建立一个"编号"变量，当游戏开始时，产生一个随机数送给"编号"，根据其不同取值来确定广播不同的消息。比如，当编号为 1 时，广播消息"L 出现"。那么，当 L 方块接收到这个消息后，就会显示出来。而没有收到指定消息的方块则仍然处于隐藏状态。

（2）指令分析

相关指令及其含义如表 5-3 所示。

表 5-3　相关指令及其含义

所属模块	指令	含义
运算	在 1 和 10 之间取随机数	在两个数值区间内（含两个数值）随机取一个数（整数或小数均可）
	> 50　　< 50　　= 50	比较两个数值的大小，表达式返回值为 true 或 false，即真或假

续表

所属模块	指令	含义
事件	广播 消息1 ▾	广播消息，消息名称可以设置
	当接收到 消息1 ▾	当收到对应消息时，执行后续操作
控制	如果 那么	条件结构，当满足条件后，就执行某种操作。比如，如果编号为1，那么广播消息"L出现"
变量	将 我的变量 ▾ 设为 0	设置变量的数值
	将 我的变量 ▾ 增加 1	让变量值在原来基础上增加或减少（负数代表减少）

（3）建立变量

根据功能分析，需要建立"编号"变量，或者将已有"我的变量"名称修改，如图5-12所示。注意，为变量起名时尽量"见名知意"，不要使用"abc、123"等。

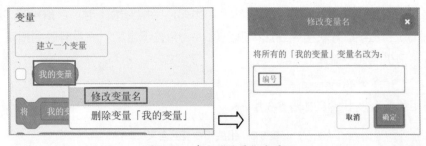

图 5-12　建立"编号"变量

给变量赋值通常有3种方式：直接将一个数值赋给变量，如图5-13所示；先取出变量的值，再增加或减少指定数值，如图5-14所示，也可以将一个表达式的值赋给变量；先在1和7之间取一个随机数，再将该数赋值给"编号"变量，如图5-15所示。

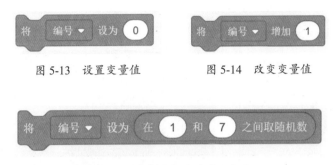

图 5-13 设置变量值　　　图 5-14 改变变量值

图 5-15 将表达式的值赋给变量

2. 编程实现

算法设计可以用文字描述，也可以用流程图表示，建议使用后者，因为流程图阅读起来会更加清晰。流程图可以在纸上绘制，也可以使用专门的软件来绘制❶。

（1）算法设计

当用户单击了"开始"按钮，可以生成随机数，将其值送给"编号"变量来存储，然后根据不同的取值广播不同的消息。因为目前的游戏中共建立了 7 种方块角色，所以随机数的取值范围为 1 至 7。流程图如图 5-16 所示。

（2）编写程序

选中"开始"角色，依据流程图中的逻辑关系组合指令。如图 5-17 所示，这里用了 7 个并列的条件结构，根据编号的不同取值，广播不同的消息，区分如图 5-18 所示的两个判断条件，你认为它们各自的含义是什么？

前者表达式比较的是"编号"这个文字是否等于 1，显然，它们是不相等的，表达式返回的值是"false"；而后者表达式里是需要先取得编号变量里存储的数值，再和 1 比较是否相等。

（3）运行程序

建议取消"编号"变量前面的勾选，让变量在舞台上显示出来。这样用户每次按下"开始"按钮时就可以观察到"编号"变量每次取到的数值，有助于分析程序。

L 方块收到消息时的程序段如图 5-19 所示。同理，再在其他角色上编写同样的程序段，修改不同的消息名称即可。

---

❶ 软件使用方法参考附录 A。

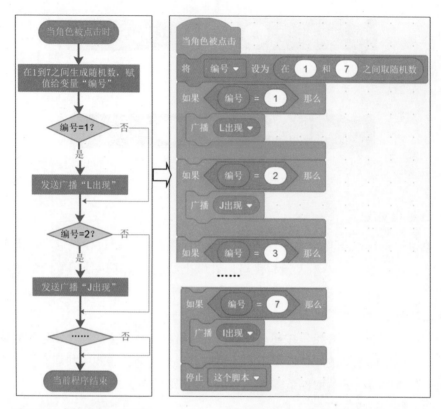

图 5-16　广播消息的流程图　　　　图 5-17　广播消息的程序片段

图 5-18　区分两个表达式

图 5-19　L 方块接收消息的程序段

※ 运行程序：

运行程序，出现"说明界面"，再单击"开始"按钮，观察舞台上是否有一个方块显示。重复运行程序，是不是每次出现的方块有所不同呢？如果是，说明程序没有问题。

本章小结

在前几章分析的基础上，从本章开始进入编程实现环节。

- 设计并实现界面之间的切换。
- 设置角色的初始位置，调整每个造型与网格对齐，再将角色隐藏。
- 认识随机性（也叫不确定性）。
- 认识广播消息，在 Scratch 中，一个角色无法控制另一个角色的动作，但是可以用"广播消息"来通知对方。

问与答

问：编程就是单纯的编写指令吗？

答：不是的，编程具体来说可以分为两种：一是不插电编程，即用语言或者图示设计出具体的实现步骤，也叫"算法设计"；二是插电编程，即用编程工具编写程序，运行和调试程序，直到实现预期效果。其中"算法设计"更加重要。

问：在 Scratch 中，一个角色可以控制另一个角色的动作吗？

答：不可以，一个角色无法控制另一个角色的动作，但是可以用"广播消息"来通知对方，当对方接收到消息后，可以执行动作。

问：为变量或者消息起名时，应该注意什么？

答：尽量做到"见名知意"，不要使用"abc,123"等，不仅容易混淆，还容易忘记。

第6章

编程实现——方块逐格下落

小雨的爷爷奶奶住在一个美丽的山村里,小雨小时候总喜欢搬着小板凳坐在门厅里玩,尤其下雨的时候,喜欢坐在那里看雨滴下落。天气好的时候,小雨喜欢在院子里和小伙伴一起玩,比如向空中扔球或沙包,看谁能接得住。

从本章开始，我们通过编程实现方块下落的功能。方块下落时有两种情况：一种是按正常速度下落，另一种是玩家按下下移键，方块会快速下落。当方块下落到网格底端时，需要复制出一个同样的方块，接着原来的方块回到起始位置并隐藏，在需要时再次显示并下落。

6.1 正常速度下落

6.1.1 分析与设计

1. 功能分析

当方块出现后，从当前位置开始一格一格地下落，直到到达网格底部，停止下落，并在此处复制，之后该方块又回到初始位置并隐藏，等待下一次出现。

2. 指令分析

相关指令及其含义如表 6-1 所示。

表 6-1　相关指令及其含义

所属模块	指令	含义
运动	将y坐标增加 10	y 坐标增加 10，角色会向上移动 10 步。负数表示向下移动
控制	等待 1 秒	让程序在此处等待 1 秒，1 秒钟过后，继续执行后续指令
控制	重复执行直到 碰到颜色 ● ？ 将y坐标增加 10	有条件的重复：当角色没有碰到指定颜色，重复移动 10 步；当碰到了指定颜色，循环终止
侦测	碰到颜色 ○ ？	侦测当前角色是否碰到指定颜色，通过鼠标指针可以在舞台上拾取颜色

6.1.2 关联知识

1. 方块逐格下落

方块"逐格下落"有两个关键点：一是下落，二是不断下落。

（1）方块下落

根据 Scratch 舞台坐标约定，方块要下落，其实就是让其 y 坐标值减小。需要减小多少呢？因为是逐格下落，所以需要找到一个格子的高度。我们约定格子边长为 20 像素，因此使用"将 y 坐标增加 -20"指令。

选中 L 方块，添加指令，如图 6-1（a）所示。每单击一次该指令，观察舞台上的方块是否下落一个格子的高度。

（2）不断下落

为了让方块不断下落，需要用到重复指令，前面学习了 Scratch 的 3 类重复结构，分别是：无限重复、有限次重复和有条件的重复。本例中方块落到网格底端时，就停止下落，显然属于有条件的重复，因此，程序段如图 6-1（b）所示。

（a）方块下落一次的指令 　　（b）方块重复下落程序段

图 6-1　方块下落的相关指令及程序段

在红色框内添加条件，如果条件成立了，那么循环就终止；反之，如果不成立，就重复让 y 坐标值减小。方块如何知道其是否到达网格底端了呢？可以使用"侦测"模块中的"是否碰到颜色"指令。于是，需要在网格底端添加一条边线，作为方块落地的依据。

2. 在网格底边添加边线

在舞台背景中找到"网格界面"（默认为矢量图），选中直线工具，设置线条的颜色和粗细，按下 Shift 键的同时，按下鼠标左键并拖动，在网格底端绘制出一条笔直的水平线段。（本例中使用黑色，和方块造型边框颜色一致。）

使用"选取"工具选中该线段，使用方向键微调边线的位置。

※ 注意：

读者可能会把边线放在网格底边偏下位置，还可能恰好和底边重合，后面我们具体分析哪种位置更好一些。

3. 侦测是否碰到颜色

选中 L 方块角色，在"侦测"模块找到"碰到颜色"指令，该指令块是菱形框，说明其本身代表一个逻辑值：true 或 false，即"真"或"假"。将该指令放到重复执行的条件里，程序段如图 6-2 所示。

图 6-2　侦测颜色程序段

再来修改指令中的颜色。单击指令上的颜色框，会出现颜色参数，如图 6-3 所示。单击最下方的取色按钮，再把鼠标指针移动到舞台区域，此时鼠标指针变成了一个圆形，指针（圆心）所到之处会取到颜色，并显示在圆形边缘。取到的颜色会有深有浅，多尝试几次，确保取到的是最深的颜色，单击鼠标左键确认。

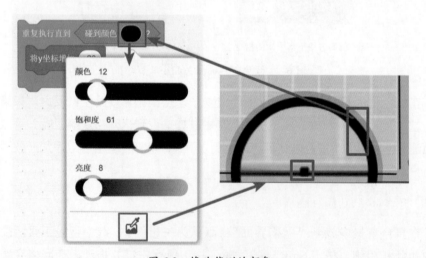

图 6-3　修改侦测的颜色

或许你想把边线单独建立为一个角色，再利用"侦测"模块中的"是否碰到角色"来检测。这当然也可以，但通常来说，编程时一个角色够用的话，尽量不用两个。因为每个角色都需要占用内存空间。

4. 图章（复制）方块

方块落到底边后，需要复制一个方块，这里用到"画笔"模块中的"图章"指令。

选中 L 方块，将"图章"指令拖到脚本区，单击执行指令，观察舞台上的方块是否有变化。似乎是没有，只看到一个 L 方块。试着将 L 方块拖放到别处，原位置上还有一个 L 方块，这就是刚刚图章产生的方块。尝试拖动这个方块，能被拖动吗？显然不能。

生活中你有没有见过或用到过印章？生活中的各种印章如图 6-4（a）和（b）所示。

（a）批改作业印章   （b）彩笔印章

图 6-4　生活中的各种印章

显然，通过"图章"复制的图案被画到了纸上，无法再移动。如果要清除，只能使用橡皮擦。在 Scratch"画笔"模块中，有一个"全部擦除"指令。单击执行"全部擦除"指令，观察刚刚通过图章画出来的方块是否被擦除掉。Scratch画笔模块只能将画笔绘制出来的图形全部擦除，无法做到部分擦除。

有了这些知识储备，下面我们就可以对该模块进行算法设计和编程了。

6.1.3　编程实现

1. 算法设计

以 L 方块为例，当接收到"L 出现"消息时，方块会显示出来，并且不断下落，直到碰到底边颜色，停止移动，并在当前位置复制一个造型。之后，L 方块回到初始位置并隐藏，等待接收消息。图 6-5 是方块下落对应的流程图。

※ 疑问：绘制流程图是必须的吗？

我们现在接触的程序功能还比较简单，算法逻辑不太复杂，其实现的步骤一想就知道了。但以后遇到的程序功能和逻辑会越来越复杂，长远来看，花些时间思考和绘制算法流程图是有必要的！

当然，刚开始绘制流程图时未必很顺利，可能写得也不完整，没关系，一点一点地尝试，不断进步，正所谓"不积跬步无以至千里"！

2. 编写程序

依据算法设计流程图，在 Scratch 中组合相应的指令，程序段如图 6-6 所示。

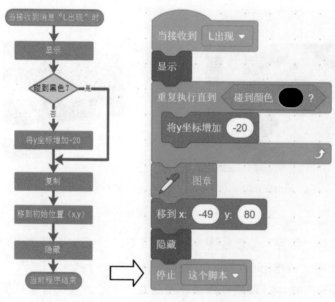

图 6-5　方块下落流程图　　　　图 6-6　方块下落的程序段

6.1.4　运行程序

程序编写完成后，要多运行几次，检验其是否符合预期要求，这个过程叫作"测试"。正常来讲，一次成功的概率很小，一旦发现问题，就需要根据结果回溯分析并修改程序，这个过程叫作"调试"。

1. 测试过程

单击绿旗，出现"说明界面"，再单击"开始"按钮，为什么没有方块出现呢？原来，刚刚我们只在 L 方块上编写了程序，恰恰"编号"此时没有取到 1。那么接下来干脆就只针对 L 方块做测试，待 L 方块调试好后，再测试其他方块。因此，先把"开始"按钮里的"编号"设置为 1，如图 6-7 所示。

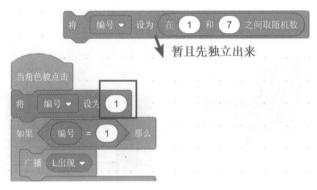

图 6-7　测试程序段

2. 查找问题

再次运行程序，L 方块下落了吗？是不是又产生了新问题呢？比如，方块下落速度太快了，那么如何才能让方块一格一格地下落呢？方块在底部复制的位置也不妥，要么靠上了，要么靠下了，是不是底边边线的位置不合适呢？方块碰到底边颜色后就停不下来，是不是颜色设置有问题呢？……

别着急，接下来我们逐一分析和解决这些问题。

编程时，出错是常事，也是好事，正因为出错了，我们才能改进程序。其实即使再厉害的程序员，也很难保证一段程序百分之百正确。所以，让我们在出错、改错中不断地提升自己吧！

3. 解决问题

（1）减慢方块下落速度

使用"控制"模块里的"等待 1 秒"指令，将其加到重复结构里面，即：下落一格就暂停一秒。再运行程序，效果如何？如果你觉得速度太慢了，可以将等待时间调短。

（2）将图章的方块擦除

再次运行程序时，发现上次通过图章复制的方块仍然存在，使用"画笔"模块中的"全部擦除"指令。如图 6-8 所示，当绿旗被点击后，之前舞台上所有图章复制的造型全部被擦除。

（3）调整方块图章位置

如图 6-9 所示，方块图章的位置过于靠下。为什么会出现这个问题呢？

显然，因为边线位置太靠下，结果方块落到网格最后一行后，根本没有侦测到底边的颜色，于是只能继续下落，才能侦测到底边颜色，于是就在当前位置通过图章复制了方块。

图 6-8　擦除方块程序段

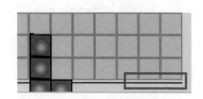

图 6-9　调整底边边线

下面来调整一下边线的位置。打开"游戏界面"背景，在画布中用"选取"工具选择底边的线段，按上移键调整边线位置，使之基本与底边边界重合。再运行程序，观察这个问题是否解决。

另外，如果方块碰到底边颜色却不调用图章的话，说明颜色拾取得不对，多尝试几次，直到拾取到最深的颜色为止。

L 方块下落的程序段如图 6-10 所示。

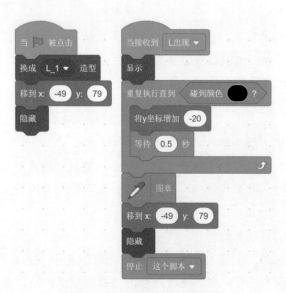

图 6-10　L 方块下落的程序段

改变下落速度

6.2.1 分析与设计

1. 功能分析

从前面例子可知，方块下落速度主要由等待时间来决定。比如，起初每 0.5 秒下落一格。当按下下移键，每 0.2 秒下落一格。当按下空格键，不等待，直接下落。因此，等待时间不同，方块下落速度也不同。可以建立"速度"变量，在不同情况下为其设置不同的数值。

2. 指令分析

相关指令及其含义如表 6-2 所示。

表 6-2　相关指令及其含义

所属模块	指令	含义
事件	当按下 空格 ▼ 键	当按下键盘上某个按键（空格键、字符键等）时，执行事件后续指令
侦测	按下 空格 ▼ 键？	侦测用户是否按下了某个键，如果按下了，结果为真，否则结果为假
运算	不成立	非运算指令，表示整个表达式的值和内部条件的值相反

6.2.2 关联知识

1. 两种按键侦测方法

（1）按键事件

展开"事件"模块，找到"当按下空格键"指令，单击指令上的下拉按钮，弹出下拉菜单，从中选择相应的按键即可。指令如图 6-11 所示。

（2）侦测按键

在"侦测"模块下，找到"按下空格键"指令，该指令为菱形框，当按下了空格键，就返回 true，没有按下就返回 false。如图 6-12 所示，将该指令放在条件判断中使用。

图 6-11　按键事件指令

图 6-12　侦测按键指令

※ 思考：

你认为图 6-11 和图 6-12 的两段指令功能相同吗？

通过下面的小例子来验证一下你的猜想。

2. 两种方法初步比较

（1）实例测试

在 Scratch 中选取任意一个角色或者背景，在其脚本区输入程序，如图 6-13 所示。运行程序，测试：当用户按下空格键后，舞台上的小猫角色显示"按下了空格键"文字，等待 2 秒后消失；当再次按下空格键，会再次显示"按下了空格键"文字。

再删除图 6-13 中的程序段，添加新的程序段，如图 6-14 所示，运行程序，当用户按下空格键，是否会呈现文字呢？

图 6-13　按键事件程序段

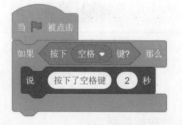

图 6-14　侦测按键程序段

没有出现文字，这是为什么呢？

（2）回溯分析

回溯分析是指从程序的运行结果入手，倒推分析程序的出错原因，并修改指令。

图 6-14 程序段的问题分析过程如下：

既然舞台上没有呈现文字，说明条件"按下空格键"不满足，也就是计算机根本就没有侦测到用户按下了空格键。而实际上，用户确实按下了空格键。这是怎么回事呢？

进一步观察，当单击绿旗的瞬间，这段指令有没有闪动一下？是的，闪动了（代码周围出现黄色边框），也就是说，这段程序执行了一次，只不过在执行的那一刹那，用户还没来得及按下空格键。多运行几次程序，看看是不是这样。

显然，问题的原因是：侦测按键指令需要重复执行。

修改程序，如图 6-15 所示，再次运行程序，发现程序段外周一直有黄色边框，说明这段程序一直在执行。每次按下空格键，舞台上都会显示"按下了空格键"文字，持续 2 秒后消失。

图 6-15 重复侦测按键程序段

（3）测试结论

显然，当给按键侦测指令加上重复执行指令，可以达到和按键事件相同的效果。但能否说明两者功能完全一样呢？

3.两种方法深入剖析

（1）实例测试

继续探究，建立"测试"变量，当绿旗被点击时，其初值为 0，每当按下一次空格键，变量值增加 1。先使用按键事件，程序段如图 6-16 所示，运行程序，观察舞台上变量值的变化是否符合预期的效果。

删除按键事件，再使用重复按键侦测，程序段如图 6-17 所示，运行程序，观察舞台上变量值的变化是否符合预期效果。显然存在问题，当按下空格键后，变量值瞬间增加为 32152，为什么呢？

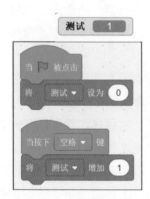

图 6-16　使用按键事件程序段

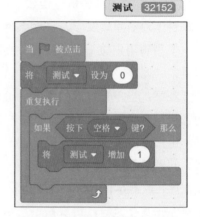

图 6-17　使用按键侦测程序段

（2）原因分析

计算机执行速度特别快，当我们按下空格键并松手时，比如花了 0.1 秒，但对于计算机来说，这个时间已经很长了。我们以为松手了，实际上计算机仍然认为空格键被按下了，所以变量会持续增加。别着急，我们有办法来解决这个问题。

（3）问题解决

既然按键侦测过于敏感，是否可以让程序继续判断用户是否松开了按键呢？如果按下某个键，然后又松开，才让变量增加 1，这样就可以解决过于敏感的问题。这里需要用到新的指令，分别是"运算"模块中的"……不成立"指令和"控制"模块中的"等待……成立"指令。

4. 按键侦测敏感问题解决

（1）认识"……不成立"指令

该指令的含义如图 6-18 所示。

图 6-18　"……不成立"指令的含义

（2）认识"等待……成立"指令

在"控制"模块中找到"等待……成立"指令，如图 6-19 所示，该指令中有一个菱形框，可以放一个或多个条件。当条件不成立时，程序就在这里暂时挂起，不执行后续指令，直到条件成立，才继续执行后续指令。

我们看看下面这个小例子，如果想为游戏增加密码功能。先让玩家输入密码（假如是 123），如果玩家输入"123"，那么就输出"密码正确"；如果输入的密码不对，程序就一直挂起，不往下执行。（注意："询问"和"回答"指令在"侦测"模块中。）

用"……不成立"和"等待……成立"指令解决侦测按键指令时过于敏感的问题，程序段如图 6-20 所示。运行程序，观察变量数据增加的效果。

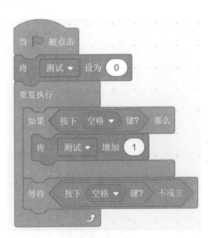

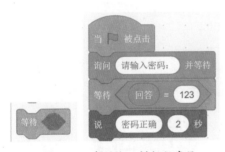

图 6-19　密码输入判断程序段　　　　图 6-20　解决侦测按键敏感问题程序段

6.2.3 编程实现

根据 6.2.1 中的分析，需要建立"速度"变量，在不同情况下为其设置不同数值，并将其作为"等待几秒"指令中的参数。

1. 正常下落

建立"速度"变量后，修改 L 方块中的指令，当绿旗被点击时，"速度"初始值设为 0.5；当接收到"L 出现"消息后，等待的时间为"速度"变量，如图 6-21 所示。

运行程序，观察方块是不是正常下落。如果是，说明程序正确。

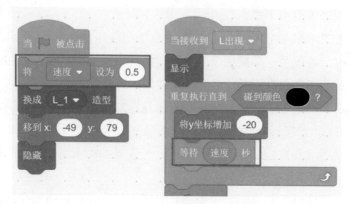

图 6-21　方块正常下落的相关程序段

2. 加速下落

如图 6-22 所示，用户按下下移键后，就将"速度"变量设为 0.2。于是，在方块重复下落时，等待的时间也随之改变。

运行程序，测试当按下下移键后，方块下落速度是否加快了。

3. 瞬间下落

当按下空格键，方块下落间隔的时间更小，甚至为 0，即：不需要等待，或者为瞬间下落。相关程序段如图 6-23 所示。运行程序，观察效果。

图 6-22　加速下落的相关程序段

图 6-23　瞬间下落的相关程序段

L 方块下落的功能基本实现了，其他方块的下落与此类似，因此相关程序段可以复制、修改后进行复用，这样可以大大提高编程的效率。

6.2.4　程序段复用

1. 角色内部复制

如图 6-24 所示，因为左侧和右侧程序段很像，所以可以将左侧程序段复制一份，然后对副本稍作修改即可。具体过程如下：

将鼠标指针移到程序段的第一条指令上，单击鼠标右键，弹出快捷菜单，单击"复制"命令，程序段副本会跟随鼠标指针移动，当再次单击鼠标左键时，指令块就被复制了一个副本。将副本中的"下移键"修改为"空格键"，再把速度变量修改为 0 即可。

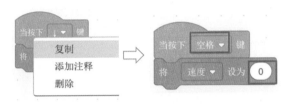

图 6-24 角色内部程序段的复制

2. 角色之间复制

如何将 L 方块下落的程序段复制到 J 方块上呢？具体过程如图 6-25 所示。

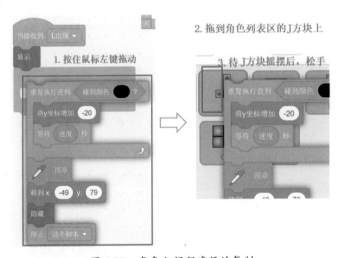

图 6-25 角色之间程序段的复制

再选中 J 方块，找到刚刚复制的程序段，将其连接到相应的事件下，修改指令中的一些参数，比如每个方块的 x 坐标和 y 坐标。如果程序段复制后排版比较乱，可以在脚本区空白处按下鼠标右键，执行"整理积木"命令即可。

※ 注意：

L 方块上还有两个用来调整变量"速度"的按键事件，不需要复制到其他方块上。思考一下为什么。

本章小结

本章编程实现方块的下落，当某个方块显示出来后，就开始不断地下落。

- 认识画笔模块中的图章指令。
- 设计与分析方块以正常速度下落的算法并编程实现。
- 通过实例对比，区分按键事件与按键侦测。

问与答

问：如果编程过程中遇到了新的问题该怎么办？

答：这是很正常的事情，我们需要从程序运行结果入手，倒推分析原因，修改指令。

问：程序流程图必须要画吗？

答：现在接触的程序还比较简单，算法逻辑不太复杂，实现步骤一想就知道了。但后面的程序逻辑会越来越复杂，所以建议经常绘制流程图，养成良好的编程习惯。

问："等待……成立"指令的含义是什么？

该指令中需要一个条件，当条件成立时，就不等待，继续执行后续指令；如果条件不成立，那么程序就在这里暂时挂起，不执行后续指令。

第 7 章

编程实现——左右移动及造型切换

编程时我们总会遇到各种各样的问题，有些问题很快就能解决，而有些问题则需要仔细分析才能找到原因。可以说，"问题"是伴随我们学习全过程的，也许你还没来得及为刚刚解决的某个问题而兴奋，下一个未曾预料的问题又出现了……问题出现了不要怕，只要冷静地对待，分析其中原因，想各种办法进行解决。正是在解决这些问题的过程中，我们得到了成长。

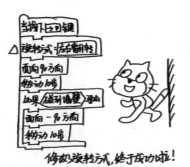

修改旋转方式，终于成功啦！

小猫为什么会倒记30°? 可能是方向不对了

任务: 小猫不断走向墙壁

小猫竟然能穿墙，为什么呢?

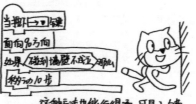

这种方法也能行得通，可是小猫的胡须为什么也穿墙了呢?

所以，办法总比问题多。在接下来学习编程的过程中，我们也会遇到很多问题，但只要有耐心，一切困难都可以解决。

方块在下落的过程中，可以向左移动或者向右移动，也可以切换各种造型，本章我们编程来实现这些功能。

方块左右移动

7.1.1 分析和设计

1. 功能分析

当用户按下左移键时，方块向左移动一格；按下右移键时，方块向右移动一格。方块无法穿越左右两侧的边界。

2. 指令分析

相关指令及其含义如表 7-1 所示。

表 7-1 相关指令及其含义

所属模块	指令	含义
运动	将x坐标增加 20	x 坐标增加 20，角色向右移动一列；x 坐标增加 -20，角色向左移动一列
	x 坐标 y 坐标	读取角色在舞台上 x 坐标和 y 坐标的值
侦测	碰到颜色 ？	侦测当前角色是否碰到某个颜色
	碰到 鼠标指针 ▾ ？　鼠标指针　舞台边缘	判断角色是否碰到了鼠标指针或者舞台边缘或者其他指定的角色
运算	＞ 50　 ＝ 50　 ＜ 50	比较左右两个数值的大小，返回值为真或假

（1）"碰到颜色"指令

"侦测"模块中的"碰到颜色"指令，可以作为方块左右移动时穿越边界的约束条件。

（2）"碰到角色"指令

如果左右边界线是两个角色的话，那么"侦测"模块中的"碰到鼠标指针或者角色"指令也可以用来作为方块左右移动时穿越边界的约束条件。

7.1.2 编程实现

1. 方块左右移动

根据 Scratch 舞台坐标约定，方块左移时，x 坐标值变小；右移时，x 坐标值变大。给 L 方块编写程序，如图 7-1 所示，当按下右移键，方块向右移动一格（20 像素）；当按下左移键，方块向左移动一格（20 像素）。

※ 运行程序：

将"开始"按钮中的"编号"变量值设为 1，运行程序，L 方块显示并下落，此时，按下左移键或右移键时，观察 L 方块能否左右移动。

但是出现了新的问题，如图 7-2 所示，L 方块竟然"穿越"了网格边界。

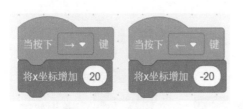

图 7-1 左右移动的程序段

图 7-2 穿越边界

2. 解决穿越边界问题

虽然可以将边界线绘制成独立的角色，然后通过"碰到角色"指令来判断方块是否到达边界，但多加一个角色自然就会多占用内存。所以，可以选用另一种方案，即在网格背景里绘制出边界线，然后通过"碰到颜色"指令来判断。

（1）绘制左右边界线

打开背景"网格界面"，在画布矢量模式（默认）下，选择"线段"工具，设置好颜色、粗细后，按住 Shift 键，再按住鼠标左键拖出一条垂直线段，放置在左边界线外侧，如图 7-3 所示。同理，再复制右边界线，调整好位置。

（2）具体过程分析

假设方块移动到了最左侧，如图 7-4 所示，此时方块并没有碰到黑色，但如果继续左移时，就会越出左边界，必然会碰到黑色，此时，让方块向右退回一格即可。

 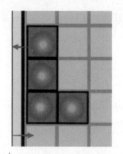

图 7-3　边线放置稍靠外　　　图 7-4　碰到黑色就退回

（3）编程实现

如图 7-5（a）所示是 L 方块左移的程序段。运行程序，用户每按一次左移键，方块会左移一列。观察当方块到达左侧边界后，是否能移出边界。同理，右移的程序段如图 7-5（b）所示。为了能看到方块右移和退回时的慢动作，加上"等待 1 秒"指令，可以帮我们更好地理解程序。

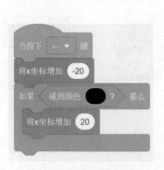 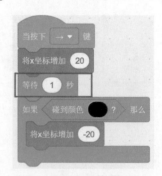

（a）方块左移的程序段　　　　　（b）方块右移的程序段

图 7-5　方块左右移动的程序段

L 方块左右移动的程序写好后，可以将其先复制到 J 方块里，待 J 方块左右移动测试正常后，再将程序段复制到其他多个方块角色中，这样分步测试，比较稳妥。

7.1.3 测试程序

将"开始"按钮中的"编码"变量设置为"在 1-2 之间取随机数",确保游戏开始时,只让 L 方块或者 J 方块出现,可以有针对性地集中测试。

※ 运行程序:

单击"开始"按钮后,网格上方出现一个方块,逐格下落,按左右方向键使其移动,观察能否穿越边界;再继续观察方块落地后,复制方块是否正常。再次单击"开始"按钮,网格上方出现了新的方块。

又出现了新问题:下一个方块出现时的初始位置发生了改变,这是为什么呢?

1. 原因分析

思考一下,当 L 方块下落时,如果玩家按下了左右方向键,那么,我们希望只有 L 方块响应左右按键事件。但实际上,J 方块也会执行其左右按键事件下的程序段,于是,本来我们只想对 L 方块进行左移或右移的操作,但 J 方块同样也在左移和右移,虽然 J 方块隐藏着,但依然会响应左移和右移事件。

2. 问题解决

为此,需要在左移和右移事件中加上约束条件。因为每个方块出现时,是根据"编号"值的不同而广播不同消息,所以,这里可以用"编号"取值作为判断条件。L 方块对应程序段如图 7-6 所示,J 方块对应程序段中将条件"编号 =1"修改为"编号 =2"即可。

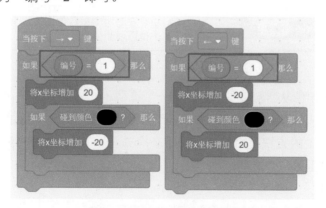

图 7-6　加上限定条件的程序段

再次运行程序,测试是否达到预期效果。

7.2 方块造型切换

7.2.1 分析与设计

1. 功能分析

方块出现时会显示初始造型，在下落过程中，玩家可以通过按上移键切换造型。

2. 指令分析

相关指令及其含义如表 7-2 所示。

表 7-2　相关指令及其含义

所属模块	指令	含义
外观	下一个造型	切换到当前造型的下一个造型
	换成 L_1 造型	指定造型名称或者造型编号
	造型 编号	取得角色当前造型的编号或名称
运算	连接 apple 和 banana	将左右两个参数值连接起来，可以是常量，也可以是变量

（1）"下一个造型"指令

含义：将角色从当前造型切换到下一个造型。

验证：选中 L 角色，将"下一个造型"指令拖放到脚本区，每单击执行一次指令，观察舞台上的方块是否切换到了下一个造型。如果当前已经是最后一个造型，会继续显示第一个造型。

（2）"换成……造型"指令

含义：将角色造型切换为指定名称或者序号的造型。

验证：选中 L 角色，将"换成……造型"指令拖到脚本区，单击指令上的下拉按钮，显示造型名称列表。该指令中还可以放入变量。使用"编号"变量，首先将其设为"在 1 和 4 之间取随机数"，如图 7-7 所示，执行这段程序，"编号"会取一个数值，造型也会做相应改变。不难看出，当变量存储的是数值时，角色会切换到指定编号的造型。

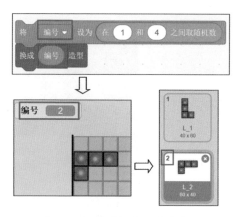

图 7-7　切换到指定编号的造型

（3）连接字符串指令

在"运算"模块中，还有关于字符串连接的指令，如图 7-8 所示，列出了每个指令的执行结果，根据这个结果，你能总结出每个指令的含义吗？

图 7-8　字符串相关指令

再阅读图 7-9 所示的程序段，切换造型指令中用到了字符串连接指令，左侧的"L_"是字符串常量，右侧的"编号"是数值变量，两者连接后，得到的值就是：L_1，L_2，L_3，L_4。显然，此时表达式的值表示的是造型名称。

图 7-9　组合造型名称的程序段

（4）非运算指令

在 6.2.2 中，我们对非运算指令已经有一些了解。非运算指令本身是一个逻辑值，要么为真，要么为假。积木块中有一个或多个条件，整个非运算指令的值和指令中条件的值相反。如图 7-10 所示。

阅读图 7-11 所示的程序段，分析一下，什么情况下角色会一直说"喵"。

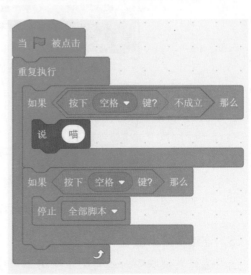

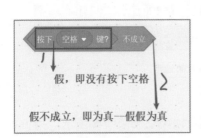

图 7-10　理解非运算指令　　　　图 7-11　使用非运算指令的程序段

显然，若没有按下空格键，角色说"喵"；按下空格键，程序停止运行。

7.2.2　编程实现

1. 算法设计

当按下上移键时，角色切换到下一个造型。此处不画流程图，直接编写脚本。该算法"看似"很简单，之所以说"看似"，是因为后面会发现这里存在诸多问题，你现在能预料到可能的问题有哪些吗？先大胆地假设一下。

2. 编程实现

以 L 方块和 J 方块为例，分别在其脚本区添加如图 7-12 所示的程序段。为了集中调试这两个方块，依然将"编号"变量设置为"在 1 和 2 之间取随机数"。

运行程序，观察舞台上出现的方块，当按下上移键后，方块是否能切换造型呢？再观察角色列表区里的 L 角色和 J 角色，当按下上移键后，这两个角色有变化吗？是不是两个方块都在切换造型呢？是的，虽然舞台上当前只显示一个角色，但实际上另一个角色也接收了按下上移键事件，因此也在频繁地切换造型。

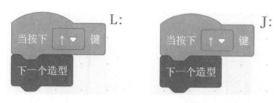

图 7-12　造型切换程序段

3. 问题解决

这是不是和前面的左右移动事件类似呢？是的，为了能够让每个角色识别出自己的按键事件，同样需要加上限定条件，程序段如图 7-13 所示。

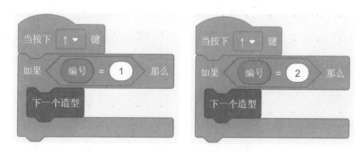

图 7-13　问题解决的程序段

运行程序，观察角色列表区，验证刚才的问题是否解决。

7.3　程序综合测试

到现在为止，针对 L 方块和 J 方块的左右移动和造型切换功能似乎已经实现了，但是我们最好将程序再反复运行几次，看看还有没有其他问题。如果有，就尽快查找和解决。否则，小问题会越积越多，越不好解决。

7.3.1 造型越界问题

1. 问题表现

当 L_1 造型移动到左侧边缘时，此时如果按下上移键切换造型，发现有的造型会越出边界，如图 7-14 所示。

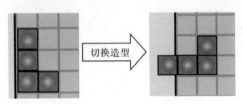

图 7-14　切换造型时越界

2. 原因分析

前面我们明明已经处理了方块越界问题，为什么类似问题会再次出现呢？别着急，阅读图 7-5（a）和图 7-5（b）的程序段，当时我们处理的是方块左移和右移事件下的方块越界问题。但现在是方块在切换造型时出现了越界问题。

3. 问题解决

方块左右移动时越界问题是这样处理的：当方块左移一列碰到黑色时，就让其后退一列，回到原位置。同理，造型越界的处理方法一样，一旦新造型出现问题，也让其恢复到原造型。如图 7-15（a）所示，如果想看"慢动作"，可使用"等待 1 秒"指令，如图 7-15（b）所示。

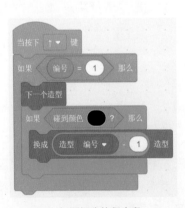
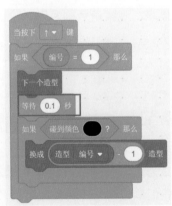

（a）问题解决的程序段　　　　　　（b）添加等待指令的程序段

图 7-15　解决切换造型时的越界问题

※ 运行程序：

观察程序运行结果是否符合预期，你是不是有满满的成就感呢？编程就是这样，当我们历经万难实现了自己的想法时，这样的满足感是真真切切的。

4. 新的问题

试着将"等待 0.1 秒"改成"等待 0.5 秒"，继续放慢造型切换后又切换回去的动作。这时候有没有新的问题产生呢？为什么方块在左右边界切换造型时会复制一个方块呢？切换造型程序里根本就没有使用"图章"指令呀？

阅读图 7-16 中的每一步，看看是否能够理解程序执行的过程。

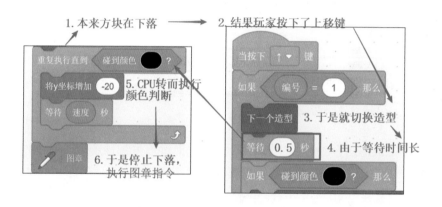

图 7-16　程序执行过程

7.3.2　CPU 执行过程

1. 认识 CPU

CPU 也叫中央处理器，是计算机的核心，所有程序的运算与执行都是靠它来完成的，CPU 常被比喻为计算机的"大脑"。它不知疲倦，从来都不肯歇着，即使当前程序中有暂停指令，它也会转而去执行其他程序。

（1）分析程序

如图 7-16 所示，当按下上移键，CPU 执行这段程序，直到执行第 4 步的等待指令后，当前程序会暂停 0.5 秒，而 CPU 直接又去执行另一个程序段，即图中的第 5 步，检测到"碰到黑色"，于是循环停止，并且执行"图章"指令。

可能你会说，0.5 秒这么短的时间，CPU 至于这么忙碌吗？别忘了，0.5 秒，对于人类而言，时间是很短，可是对于高速运行的计算机来说，可以算得上很长的时间了。

（2）查看 CPU 参数

在计算机桌面上，找到"此电脑"或者"计算机"图标，用鼠标指针指向此处，再按下鼠标右键，选择"属性"命令，可以显示计算机的基本信息。如图 7-17 所示，红框圈出来的是处理器（CPU）的型号。

查看有关计算机的基本信息

Windows 版本

Windows 10 家庭版

© 2019 Microsoft Corporation。保留所有权利。

系统

制造商:	Microsoft Corporation
处理器:	Intel(R) Core(TM) i5-6300U CPU @ 2.40GHz　2.50 GHz
已安装的内存(RAM):	8.00 GB
系统类型:	64 位操作系统，基于 x64 的处理器

图 7-17　查看 CPU 参数

其中，2.5GHz 是 CPU 的主频，即 CPU 的时钟信号每秒震荡 2.5×10^9 次。简单来说，比如，一般的乘法运算需要 4 个机器周期的话，那么这个 CPU 每秒可以运行（2.5 乘以 10 的 9 次方，再除以 4）次的乘法运算，大约是 625,000,000 次运算。

由此可见，"1 秒"对于人类和计算机来说，差距相当悬殊。所以，图 7-16 中，当 CPU 执行到"等待 0.5 秒"指令后，当然会转向执行其他指令。由此看来，对于 CPU 而言，每一个时间点，它只能在一个程序段中运行。

※ 新的问题：

为什么平时我们在计算机中可以同时打开好几个应用呢？比如边听歌边用 QQ 或者微信聊天？这不是说明 CPU 可以同时干好几件事吗？

其实，对于 CPU 而言，一次就是只做一件事。但因为计算机的执行速度特别快，CPU 也总是不停歇，所以，人类感觉 CPU 好像会同时处理好几件事情。

2. 理解并发和并行

先来看一个生活场景，如图 7-18 所示。有 3 个设备都需要充电，可是只有一个充电器，这可急坏了小雨。

图 7-18 依次给设备充电

如图 7-19 所示,小雨想出的这个方法是不是很好用呢!

图 7-19 高效处理给设备充电

其实生活中处处都有类似的例子,为了高效地工作和生活,人们学会了统筹管理的方法。下面我们再来看看小雨妈妈是如何完成多项家务活儿的(见图 7-20和图 7-21)。

图 7-20 妈妈做家务

图 7-21　妈妈统筹做家务

（1）并发

CPU 在运行多个程序的时候，也会和人一样，寻找统筹高效的方法。它通常把一个大的运行时间划分成若干个时间段，一个大的程序也会划分成若干个小的程序段（线程），然后将各个时间段分配给各个线程。如图 7-22 所示。

图 7-22　CPU 并发工作

从图 7-22 可见，对于 CPU 而言，在一个时间段内，只有一个线程的程序在运行，其他线程处于挂起状态（即暂时不运行）；对于人类而言，由于 CPU 的运行速度快，感觉这些线程好像在同步运行。

想一想，前面的哪些生活场景运用的是并发原理呢？如图 7-15（b）和图 7-16 所示。

（2）并行

除了"并发"，我们还常听到"并行"，其含义是：多个程序同时执行。如图 7-23 所示，爸爸、妈妈、小雨 3 个人一起干活，效率当然很高了。

对于一台配置了一个 CPU 的计算机来说，"并行"是不可能的。平时所说的计算机可以"同时"运行多个程序，只是计算机高速的运行效率给人的错觉而已。

图 7-23 全家人一起行动

3. 理解进程和线程

（1）进程

计算机中每一个运行起来的程序叫作进程。打开计算机的任务管理器（同时按下 **Ctrl** 和 **Alt** 键，再按下 **Del** 键），可以看到目前计算机中正在运行的进程有哪些，后台运行的进程有哪些，以及每一个进程所占用 CPU、内存、磁盘等的情况，如图 7-24 所示。

※ 小窍门：

在使用计算机的时候，CPU 经常显示占用 100%。这时候可以打开任务管理器，看看是哪些进程占用了大量的 CPU，如果不是必须的进程，可以将其结束。

名称	状态	7% CPU	46% 内存	2% 磁盘	0% 网络
应用 (4)					
> 🌐 360安全浏览器 (32 位) (14)		0.4%	178.3 MB	0 MB/秒	0 Mbps
> 📄 Microsoft Word (32 位)		0%	153.1 MB	0 MB/秒	0 Mbps
> 📁 Windows 资源管理器		0.3%	33.8 MB	0.1 MB/秒	0 Mbps
> 📊 任务管理器 (2)		1.5%	33.1 MB	0 MB/秒	0 Mbps
后台进程 (49)					
🌐 360安全浏览器 服务组件 (32 位)		0%	2.5 MB	0 MB/秒	0 Mbps
🌐 360安全浏览器 服务组件 (32 位)		0%	0.1 MB	0 MB/秒	0 Mbps
⚙ 360安全卫士 安全防护中心模块...		0.3%	24.0 MB	0.1 MB/秒	0 Mbps

图 7-24 查看计算机中的进程

（2）线程

如图 7-25 所示，为了实现并发工作，一个进程里还可以分解为多个线程。比如，一个 Scratch 文件中多个事件下的程序段，就可以认为是一个一个的线程。

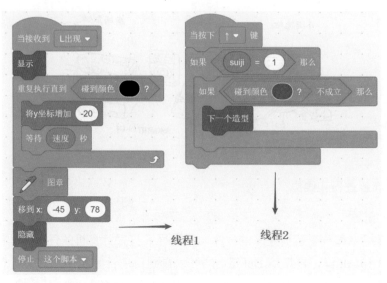

图 7-25　多个线程并发执行的程序段

本章小结

在上一章的基础上，本章编程实现了方块左右移动和造型切换。

- 为防止方块左右移动时越界，需要添加左右边界线。
- 为防止方块在两侧边缘切换造型时越界，也需要做特殊处理。
- 了解 CPU 运行的过程，了解并发和并行、进程和线程的区别。

问与答

问：为什么判断左右越界最优的方法是侦测颜色？

答：这种方法不需要增加额外的角色，一旦确定了边界颜色，所有方块都会侦测判断这个颜色。因此，这种方法相对其他方法更方便。

问："下一个造型"与"换成……造型"指令有什么区别？

答：执行"下一个造型"指令将切换到当前造型的下一个造型。"换成……造型"指令可以指定造型名称，也可以指定造型编号。

问：CPU 可以并行执行程序吗？

答：对于一台配置了一个 CPU 的计算机来说，"并行"是不可能的。平时所说的计算机可以"同时"运行多个程序，只是计算机高速的运行效率给人的错觉而已。

第 8 章

编程实现——下一个方块出现

　　有一个"拍七"小游戏，比如几位小朋友围成一圈，从一个小朋友开始，先报 1，下一个小朋友报 2……当要报的数是 7 或 7 的倍数时，不报数，而以拍手代替，如果谁报得不对，就惩罚表演节目。

　　这个游戏深受小朋友的喜欢，不仅可以提高小朋友的快速计算能力，还能提高他们的团队协作意识。老师也常常将其改成"拍五""拍六"小游戏。

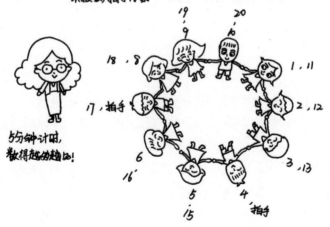

当一个方块落定后，网格上方会自动出现下一个方块并下落……重复这个过程，直到方块堆积到了网格上方，游戏结束。本章我们就来编程实现"下一个方块出现"，在这之前先解决方块下落时的"穿越"问题。

8.1 方块下落的穿越问题

8.1.1 分析和设计

1. 问题描述

当一个方块落到底边后，下一个方块再下落时，可能会碰到底部边线，也可能碰到其他方块。目前程序运行的效果是：当方块落到底边后，会在底边上正常执行图章，如图 8-1（a）所示；但当方块在下落过程中碰到其他方块时，会"穿越"一个方块才执行图章，如图 8-1（b）所示。

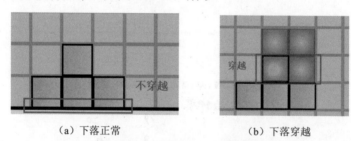

（a）下落正常 （b）下落穿越

图 8-1 方块下落的穿越问题

2. 问题分析

对于第一种情况，由于预先将底边边线与网格底边重合，即方块和边线之间无缝隙，所以方块落到底部时，恰好碰到黑色，于是，在当前位置执行图章，如图 8-2（a）所示。

而方块下落时如果下方是方块，那么情况会有所差别，如图 8-2（b）所示。当 O 型方块下落到此处，"看似"碰到了 T 型方块，但实际上两者之间是有缝隙的，此时侦测结果是"没有碰到黑色"，因此继续下落一格，才碰到了黑色，于是就产生了"穿越"问题。

（a）和边线间无缝隙　　　　　　　（b）和其他方块间有缝隙

图 8-2　方块下落穿越的原因

3. 解决办法

（1）穿越后退回

既然方块向下穿越了一行，那么只需要将其退回一行，即 y 坐标增加 20，即退回后再通过图章复制方块。但是由于目前底边和方块边界都是同样的颜色，所以方块下落并执行图章的判断条件均是"碰到指定颜色"，如此一来，就会存在冲突。也就是说，情况一本来是合适的，但解决了情况二的穿越问题后，情况一又出现了问题。

因此需要结合这两种情况想办法。

（2）调整网格底边位置

为了保持编程的一致性，索性把底边边线的位置下移到网格底边下方，如图 8-3 所示，这样当方块下落到底边后，与边线也会有一个缝隙，需要下落一格才能碰到黑色。这样一来，方块下落时，无论下方是底边还是其他方块，都会产生穿越问题，因此可以做统一处理。

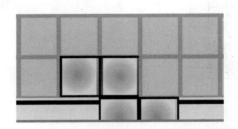

图 8-3　方块穿越到了网格底边

4. 指令分析

相关指令及其含义如表 8-1 所示。

表 8-1　相关指令及其含义

所属模块	指令	含义
控制	如果　　那么　　否则	当条件满足时（true），执行"那么"分支的指令；否则，即条件不满足时（false），就执行"否则"分支的指令
	停止　这个脚本 ▾	停止运行该指令所在事件里的所有程序段，但其他事件下的程序段正常执行
自制积木	积木名称	用积木块可以将一组程序起一个名字，这段程序就可以被重复调用，程序简洁、清晰

8.1.2　编程实现

1. 算法分析

如图 8-4（a）所示，红色 L 方块下落时，穿越了网格底部边线后执行图章，绿色 T 方块下落时，也会穿越下方的 L 方块后执行图章。因此，采取的策略是：当方块碰到指定颜色时，要退回到上一行，即 y 坐标增加 20，之后再执行图章。

2. 编程实现

以 L 方块为例，如图 8-4（b）所示，在红框中添加"y 坐标增加 20"指令。

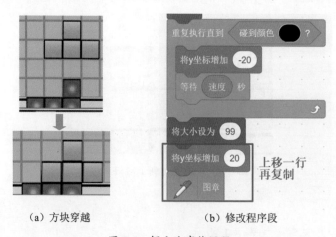

（a）方块穿越　　　　　　　（b）修改程序段

图 8-4　解方块穿越问题

※ 测试程序：

将"编号"设置为"在 1 到 2 之间取随机数"，缩小取值范围，让 L 方块出现的机会多一些，观察 L 方块下落时，"穿越"问题是否已经解决。

从运行结果来看，L 方块先"穿越"，之后又上移了一行，再执行图章，修改后的程序解决了"穿越"问题。而且对编程者来说，"先穿越后退回"的过程具体、形象地展示了指令的运行过程，但是对于玩家来说，要察觉不到方块执行指令的具体过程，这该如何实现呢？

（1）原因分析

方块重复下落过程中，反复执行的指令是"y 坐标减少 20，等待几秒"，一旦碰到了黑色，循环就终止，y 坐标增加 20。不难看出，之所以玩家能看到"穿越和退回"过程，就是因为"等待几秒"这条指令所起到的延时效果，如图 8-5 所示。

前面为了控制方块下落的速度，我们加上了"等待几秒"指令，所以这条指令不能删除。但是，我们也希望它在"图章"指令前不执行。因此，需要想办法。

（2）问题解决

如图 8-6 所示，解决方法是在"等待 1 秒"前面加上一个判断。其含义是：方块下落时如果没有碰到黑色，就等待设定的时间；如果碰到了黑色，那么就不等待，又回到"重复执行直到……"因为此时碰到了黑色，所以跳出循环，执行其后续指令。

运行程序，观察方块落下时能否看到"穿越和回退"的过程。

测试发现：这种情况还是能看到"穿越和回退"的过程，但是时间缩短了。

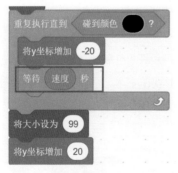

图 8-5 找出问题根源的程序段

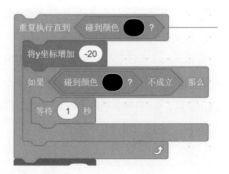

图 8-6 问题解决的程序段

这是什么原因呢？仔细分析发现，虽然"等待 1 秒"指令没有执行，但是需要再次回到"重复执行直到……"指令，又判断了一次"是否碰到黑色"，然后就退出重复。而每条指令本身运行是需要花费时间的，于是这里就导致了延时。所以，接下来还需要精简程序。

（3）方案优化

使用"控制"模块下的"如果……那么……否则……"双分支结构来改写程序，如图 8-7（a）所示，当碰到黑色时就复制方块；没有碰到黑色时，就等待延时。为节省篇幅，这里把"图章"部分对应的程序段单独放置，如图 8-7（b）所示。其实在程序中需要将其写在"如果……那么……"的分支里。

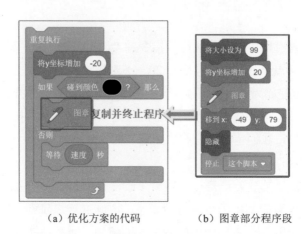

（a）优化方案的代码　　　　（b）图章部分程序段

图 8-7　优化方案

3. 优化程序

将图 8-7（b）的程序段添加到"如果……那么……"指令中，会使程序很长，不方便阅读。其实可以把它独立为一个模块，需要时调用即可。

（1）定义积木块

如图 8-8（a）所示，选中 L 方块，在指令区找到"自制积木"模块，单击"制作新的积木"按钮，在弹出的对话框中输入积木块的名称"复制方块"，单击"完成"按钮即可，如图 8-8（a）所示。再把图 8-7（b）中的程序段拖放到"复制方块"积木块之下，如图 8-8（b）所示。

（a）定义积木块

图 8-8　定义及调用自制积木块

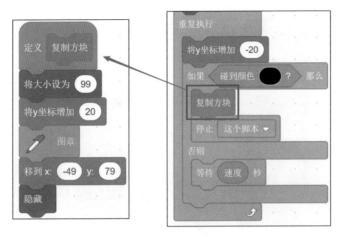

（b）调用自制积木块的程序段

图 8-8　定义及调用自制积木块（续）

（2）调用积木块

自制积木块要发挥作用，必须调用执行这个指令，如图 8-8（b）所示，碰到黑色时，就调用"复制方块"指令。重新运行程序，看看执行过程是否顺畅。

注意：自制积木块只属于建立它的角色所有，不能被其他角色共享。角色之间如果想要通信和交流，需要使用"广播消息和接收消息"指令。

4．停止脚本指令

（1）指令含义

"控制"模块里，有关停止脚本的指令一共有 3 种：

"停止全部脚本"是指将整个游戏中的所有指令都停止运行；

"停止当前（这个）脚本"是指将其所在事件下的指令停止运行，如图 8-8（b）所示；

"停止该角色的其他脚本"指当前指令所在脚本继续执行，但角色其他脚本都停止运行。

（2）阅读程序

阅读图 8-9 所示的程序段，分析该程序的功能。

当绿旗被点击后，小猫角色如何运动呢？造型有什么变化呢？

当按下空格键后，小猫角色又如何运动呢？

显然，当绿旗被点击时，小猫角色不断向右移动，碰到边缘反弹，继续移动，同时切换造型；当按下空格键，小猫角色会停止右移和切换造型，然后开始重复旋转。

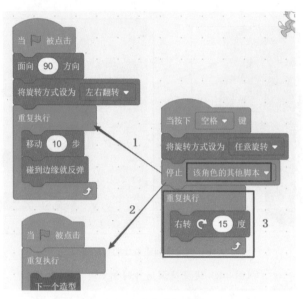

图 8-9   阅读和分析程序段

你是这样分析的吗？

下一个方块出现

8.2.1　分析与设计

1. 功能分析

当前方块落下并克隆复制后，网格上方会继续出现下一个方块（随机），新出现的方块同样可以下落、左右移动……可见，下一个方块出现后，要重复前一个方块的各种操作。换句话说，如果方块下落、左右移动、切换造型的程序段能能够独立出来的话，在需要时直接调用即可。

2. 指令分析

在 Scratch 中，有两种方法可以将程序段独立并且被调用：一种是建立自制积木块，如图 8-8（b）所示，但自制积木块只能在同一个角色内部使用；另一种是广播消息和接收消息，这种方法可以在不同角色之间通信和使用。编程时可以根据实际情况来选用。

8.2.2 编程实现

1. 算法设计

回顾前面的"发送广播"程序（图 5-17），当单击"开始"按钮时，变量"编号"取得随机数值，根据不同取值广播不同消息。

现如今，不仅在玩家单击"开始"按钮时"编号"变量需要取随机数并广播消息，而且在一个方块落下后也要让"编号"变量取随机数并广播不同消息。所以，需要把"根据不同变量值广播不同消息"的指令独立出来。

※ 思考：独立出来的程序段是建立成自定义积木块还是作为"消息"？

分析两种调用方式，一种是在单击"开始"按钮后调用，另一种是当方块落下后调用，显然，需要将其独立为"接收消息"。

下一个方块出现的流程图如图 8-10 所示。

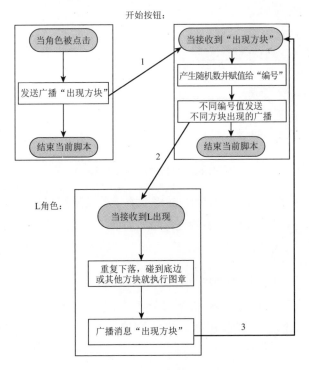

图 8-10 下一个方块出现的流程图

2. 编程实现

根据算法设计流程图，对"开始"按钮里的程序进行修改，如图 8-11 所示。箭头方向展示了角色之间广播和接收消息的过程，帮助我们理解程序的执行流程。

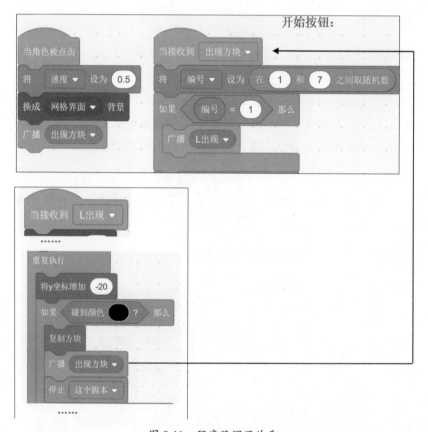

图 8-11　程序段调用关系

运行程序，观察 L 方块落下后，网格上方是否又继续出现了 L 方块，如果是，说明程序正确。再修改其他方块的程序段，并把"开始"按钮上的"编号"设置为"在 1 和 2 之间取随机数"。

※ 思考：下一个方块的速度为什么特别快呢？

下一个方块下落时，需要先把"速度"变量设置为初始值 0.5，否则，可能会受到上一个方块下落速度的影响！因为所有的方块共用一个"速度"变量。

8.3 下一个方块预先显示

8.3.1 分析与设计

1. 功能分析

目前的程序虽然能实现方块重复下落,但还是不太友好。最好能在当前方块下落时,在舞台上提前显示下一个即将出现的方块造型,玩家看到后,可以提前思考和布局。

2. 算法设计

"编号"变量代表当前出现的是哪个角色,同理,可以建立新的变量"next编号",也让其在 1 和 7 之间取随机数,也广播不同消息,比如"nextL 出现"(以L 方块为例)。当方块收到这个消息后,需要做的事情是:先移动到提示区域,再执行图章,最后回到起始位置并隐藏。

8.3.2 编程实现

1. "开始"按钮

如图 8-12 所示,建立"next编号"变量,让其在 1 和 7 之间取随机数。先调用"当前方块出现",根据编号值发送不同广播,1 秒后,就调用"提示方块出现",也发送不同广播。

这里建立了两个自定义积木块"当前方块出现"和"提示方块出现",程序结构更清楚。

2. 提示方块显示

以 L 方块为例,程序段如图 8-13 所示。

※ 运行程序

将"开始"按钮中"next编号"变量值设置为 1,强行让 L 作为提示方块显示,验证当前方块出现后,1 秒钟后是否有提示方块出现在提示区。

继续观察，当前方块落下后，下一个下落的方块是谁？而实际上应该是谁？

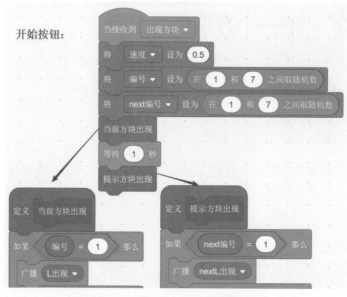

图 8-12　广播提示方块出现的程序段

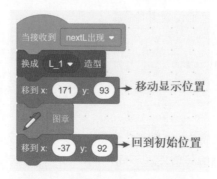

图 8-13　提示方块出现的程序段

显然，接下来的重点是：下一个出现的方块应该是当前的提示方块，也就是说，需要将"编号"和"next 编号"两个变量绑定起来。

3. 绑定两个变量

两个编号之间的关系是什么呢？当单击"开始"按钮后，即方块第一次出现，此时，"编号"和"next 编号"两个变量的值各自独立，前者决定当前下落的方块是谁，后者决定着提示方块是谁。程序段如图 8-14 所示。

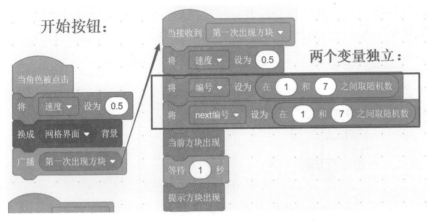

图 8-14　广播"第一次出现方块"的程序段

待第一个方块下落后，下一个要出现的方块就是当前的提示方块，即"编号"的值应该是"next 编号"值，执行"当前方块出现"积木块后，再继续将"next 编号"取随机数。程序段如图 8-15 所示。

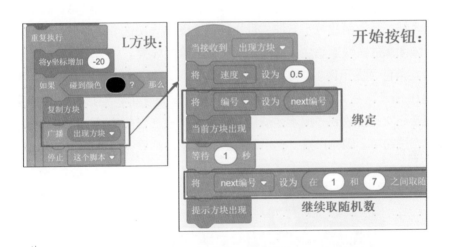

图 8-15　绑定两个变量的程序段

8.3.3　测试程序

将 L 角色"当接收到 nextL"事件的程序段复制到其他方块上，逐一修改消息名、造型名、坐标等，再把"开始"按钮中的"next 编号"正常取随机数。

再多次运行程序，是不是发现了很多问题呢？

如图 8-16 所示，首先提示区方块杂乱堆叠，显然新的提示方块出现前，提示区域需要先清空原有方块；二是当前下落的方块和提示区方块一样时，当前方块下落的位置似乎受到了提示方块的影响，如图 8-17 所示。

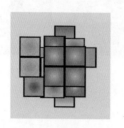

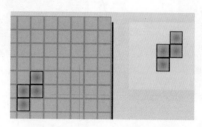

图 8-16　提示区堆叠　　　　图 8-17　当前方块下落受影响

1. 清除提示区方块

如何清除提示区的原有方块呢？画笔模块中只有"全部擦除"指令，如果使用该指令，会连同网格中落下的方块一起擦掉。所以，需要另辟蹊径。

比如，可以建立一个矩形框（填充颜色）角色，将其放置在舞台右上方，作为提示区域。每次新的提示方块出现之前，先图章一次这个矩形框，于是就把之前该区域图章的方块遮盖住，从而实现类似擦除的效果。

建立角色"提示区"，绘制一个宽度和高度均为 90 像素的矩形框。程序段如图 8-18 所示，在"提示区"角色中，当绿旗被点击时，矩形框先在指定位置执行图章一次；接收到"提示区清空"消息时，也在当前位置执行图章一次。在"开始"按钮中，则先广播"提示区清空"消息，然后调用"提示方块出现"。

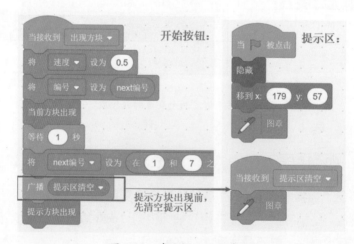

图 8-18　清除提示区程序段

2. 方块互相影响问题

如果当前下落的方块和提示区中显示的方块相同时，为什么下落的方块的位置会受到影响呢？先阅读图 8-19 中的程序段，分析指令执行的过程。

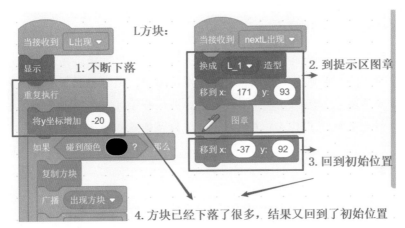

图 8-19　方块相互影响的程序段

CPU 可以在线程之间并发执行程序，所以在图 8-19 中，两段程序同时控制一个角色的移动，L 方块一边在不断下落，一边又图章并回到初始位置，显然会造成冲突，如果 L 方块能"分身"就好了，于是自然想到了"克隆"。

※ 解决方法

当接收到"nextL 出现"消息时，就先"克隆自己"，生成一个克隆体，让克隆体移动到提示区，并执行图章，之后删除克隆体即可。而本体依然在不断下落，两者可以互不影响。利用克隆体解决问题的程序段如图 8-20 所示。

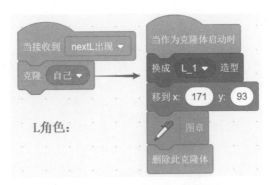

图 8-20　利用克隆体解决问题的程序段

运行程序，观察这个问题是否已经解决。接下来，可以将这段程序复制到其他方块上，并做相应修改。最后将"开始"按钮上的"next 编号"取随机数，多次运行和测试程序。

本章小结

在前面章节的基础上，本章我们编程实现了下一个方块出现的功能。

- 分析方块"穿越"的原因，设计了解决方案，通过编程解决这一问题。
- 初步体验了如何定义和调用积木块，并区分了其与广播消息的区别。
- 使用克隆解决了下一个方块和当前方块位置互相冲突的问题。

问与答

问：在一个角色内自制的积木块，能否被其他角色共享呢？

答：自制积木块只是针对具体角色的，不能被多个角色共享。角色之间如果想通信和交流，要使用"广播消息和接收消息"指令。

问：一个角色可以接收来自不同角色但内容相同的广播吗？

答：当然可以，就像你在学校听广播一样，校长和班主任是两个不同的角色，他们讲了一样的内容，但都能被你接收到并且执行。

问：提示区里的方块为何要用克隆？

答：一个角色的移动被两个程序段控制很容易产生冲突。比如一个程序控制方块下落，另一个程序控制方块移动，就产生了冲突。解决方法：生成这个角色的一个克隆体，本体依然下落，克隆体负责移到提示区进行图章，最后删除克隆体即可。

第 9 章

编程实现——判断满行与消行

小雨小时候跟着幼儿园老师做了一个"小鸟进笼"的小玩具，扯着玩具两端的橡皮筋让纸片旋转起来时，会看到小鸟慢慢进到笼子里的效果，特别有意思。你知道这其中的原理吗？

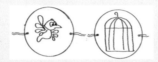

原来，我们看到的这种动画效果是大脑的错觉。人眼在观察一幅图片时，该图片的光信号传入大脑神经，当看另一幅图片时，原先图片的光信号虽然消失了，但人眼视网膜上的视觉形象不会立即消失。于是，我们的大脑就以为是连续的动画了。

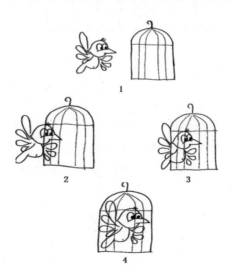

到现在为止，俄罗斯方块游戏中的方块都可以正常下落了。那么当一行堆满后，就需要消除满行，并且满行上方的方块需要保持原样地"逐行下落"。

判断满行

9.1.1 满行特点

满行的标志是什么呢？我们需要找出"满行"和"不满行"的差异，构造一个判断条件，让程序自动检测某一行"满"或者"不满"。如图 9-1 所示，观察行 1、行 2、行 3、行 4、行 5，你认为它们之间的差异在哪里呢？

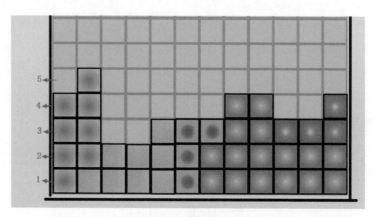

图 9-1　满行特点

1. 满行特点分析

说到满行的特点，我们很自然地会想到：每个空白格子都被其他颜色占满了。其实还有另一种反向思路——如果没有空白格颜色，那么就是满行。

你试着来补充一下这个句子。显然，如果某一行没有空白格颜色（即没有缝隙），那么这一行就是满行。

接下来我们需要把满行的特点告诉计算机，在程序中构造判断条件。那么，有关满行特点的一正一反的说法，你认为哪种方式更容易在程序中表达出来呢？

正向来看，满行时每个格子可能是黄色或者绿色或者红色等颜色，需要逐个格子判断，并且一行的所有格子都满足才可以。显然，这样写出来的条件太庞大。如果反着说呢？只要在一行中没有侦测到空白格颜色，那么这一行一定是满行。这种思路很简洁，直接使用"运算"模块里的"……不成立"指令即可。

2. 探测器造型分析

前面我们对检测过程做过了详细分析，需要建立"探测器"角色，其中第一个造型是一条线段，长度要足够跨越一整行，高度当然不能高过一行，否则就会侦测到其他行的颜色了。目前游戏中的网格背景由 15 行 12 列格子组成，每个格子的边长是 20 像素，所以该检测线的长度至少是 15×20=300 像素，高度不超过 20 像素。

如图 9-2 所示，"探测器"角色的"长条"造型宽度为 310 像素，高度为 10 像素。

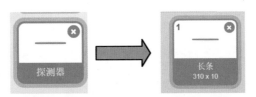

图 9-2 "探测器"角色的"长条"造型

9.1.2 检查过程分析

1. 文字描述

参考图 9-1，首先将探测器切换为"长条"造型，并定位在底层第 1 行，检查在此行有没有侦测到空白格颜色，如果没有，说明此行满，保存该行的位置。探测器继续向上移到第 2 行，检查有没有侦测到空白格颜色，如果没有，说明此行满，保存该行的位置；如果侦测到了空白格颜色，说明该行不满，探测器继续向上移动……直到 15 行全部检查完毕，程序结束。

2. 算法流程图

检查判断满行过程的流程图如图 9-3 所示，这种表达方式比文字描述更加直观、清晰。依据此流程图，就可以编写程序了。

这里提到的"保存该行信息"，是指用变量把满行的行号保存。因为可能同时会有多个满行，所以需要把每一个满行信息保存。于是使用"列表"来保存一组数据。

如图 9-4 所示，列表的名称是满行信息，目前存储了 2 个数据，分别是"1"和"2"，即本次检查找到的满行为 1 行和 2 行。左侧一列是位置序号，类似于房间号，每个序号对应存储一个数据。

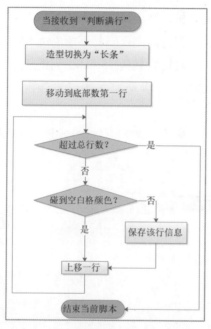

图 9-3　检查判断满行过程的流程图

图 9-4　列表信息

9.1.3　编程实现

1. 建立列表

建立列表的过程在 3.2.4 中已有详细说明，有关列表操作的指令说明如图 9-5 所示。

2. 编写程序脚本

如图 9-6 所示，"当接收到判断满行"消息时，探测器逐行检查满行信息。这里用 i 变量来代表行号，每次重复将其增加 1，当发现满行时，就把 i 添加到列表中。由于 i 变量只在探测器角色中有效，因此将其设置为"适用于当前角色"即可。

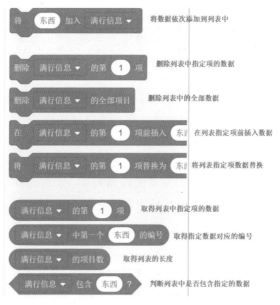

图 9-5　列表的相关指令

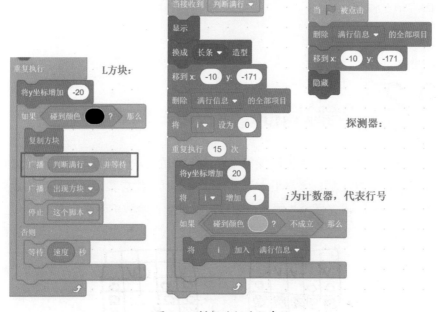

图 9-6　判断满行的程序段

那么谁来广播"判断满行"消息呢？显然，只要有方块落下，就需要判断是否满行。以 L 方块为例，当方块落下并图章后，就需要判断。

※ 思考：

L 方块在广播消息时，使用了"广播消息并等待"，即等待"判断满行"执行完毕，才能继续执行 L 方块后续的指令。思考一下，这是为什么？

所以，"广播消息"和"广播消息并等待"两条指令需要根据实际情况来选用。这里必须等判断完满行之后，才能继续广播新的方块出现，否则逻辑上就乱套了。

3. 运行程序

将"开始"按钮中的"编号"变量值设置为 1，让 L 方块出现、下落并图章后，观察探测器是否能从初始位置逐行上移，所经之处是否碰到了满行。如果碰到了满行，是否能把当前的行号添加到列表中。如果可以，说明探测器中的程序正确。需要注意，每次判断满行的时候，先将列表数据清空。

调试好 L 方块后，再将"广播判断满行并等待"指令复制到其他方块相应位置上。将"开始"按钮中的"编号"设置为"在 1 和 7 之间取随机数"，再运行与调试，看是否有新的问题产生。如果没有问题，将探测器中"当接收到判断满行"指令后面的"显示"指令改为"隐藏"指令，这样探测器就开始"默默无闻"地工作了。

9.2 消除满行

当一行方块满行后，需要将该行消除，上方的方块"下落"。但因为这些方块都是通过图章产生的，本身根本无法移动，所以，要想实现"下落"的效果，还需要其他办法。参考图 9-7 的 4 个过程，看看能否给我们带来启发。

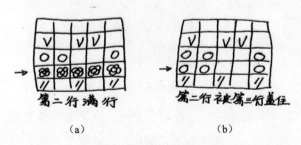

（a）　　　　　　　　　　　（b）

图 9-7　满行消除过程

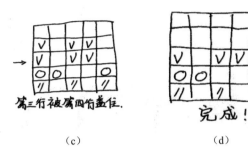

（c）　　　　　　　　　（d）

图 9-7　满行消除过程（续）

9.2.1　动画实现原理

1. 切换造型产生移动效果

如果一个小球有多个相同的造型，每个造型离十字准星的位置越来越远。想一想，当连续切换造型时，小球会出现什么效果。

如图 9-8 所示，调整好小球的造型位置后，编程并测试：当绿旗被点击时，小球有没有自左向右移动呢？

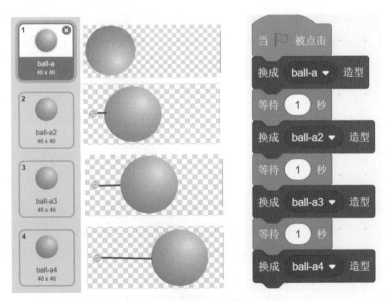

图 9-8　切换造型产生移动效果

2. 切换造型产生动画效果

观察图 9-9 所示的火柴人造型，快速地自左向右连贯起来看，你认为这个火柴人在做什么动作呢？如果每一张图片作为火柴人的一个造型，编程实现轮流切换造型，火柴人是不是在做课间操呢？快编程验证一下吧。

图 9-9　切换造型产生动画效果

3. 揭秘动画原理

这两个例子的原理其实与"小鸟进笼"的动画原理是一样的，都是"视觉暂留现象"：人眼在观察当前景物时，光信号会传入大脑神经，经过一段时间（0.1～0.4秒）之后，光信号消失，但人眼视网膜上的视觉形象并不立即消失，于是在继续观察下一个景物时，就会和前一个景物连贯起来，从而呈现出连续的动画效果。

※ 测试程序：

将图 9-8 中"等待 1 秒"修改为"等待 0.4 秒"，运行程序，观察效果；再修改为"等待 2 秒"，运行并观察效果。你认为哪种情况下小球移动地更加顺畅呢？

使用"切换造型"指令，意味着原先的造型消失，新的造型显示；当前造型继续消失，新的造型再显示……也可以理解为：擦除旧的造型（隐藏）、绘制新的造型（显示），不断地执行这种"擦"和"写"，于是就有了移动的效果。

再观察 9-8，你能据此分析出"消除满行"的具体实现过程吗？

9.2.2　消行过程分析

1. 文字描述

当探测器判断当前为满行后，就广播消息"消除满行"并等待。那么消行的具体过程是什么呢？如图 9-10（a）所示，当探测器判断行 2 为满行时，那么行 3 应该"下落"到行 2，接着行 4 再"下落"到行 3，行 5 再"下落"到行 4……消行后的结果如图 9-10（b）所示。

如果同时有 2 行以上满行，消行的具体过程又是什么呢？

如图 9-11（a）所示，为了消除行 1 和行 2，需要将行 3 的方块图章放在行 1，行 4 的方块图章放在行 2，行 5 的方块图章放在行 3……总之，非满行图章的位置与满行的行数有关。消行后的结果如图 9-11（b）所示。

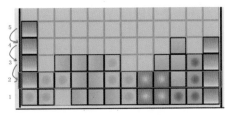
（a）一行消行过程

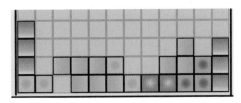
（b）一行消行结果

图 9-10　消除一行的过程与结果

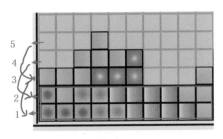
（a）多行满行消行过程

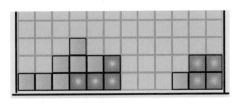
（b）多行满行消行结果

图 9-11　消除满行的过程与结果

下面再聚焦具体的细节。

（1）逐格"下落"过程

这里的"下落"其实就是把上面每个格子的颜色取到后，在下面格子里通过图章复制一个同样颜色的格子，如图 9-12 所示。

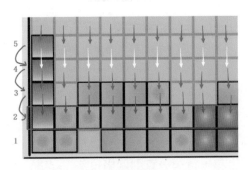

图 9-12　逐格检测过程

那么谁来逐格检测格子呢？用长条线段显然不合适，最好是有一个小的图形，其面积要小于一个小格子，否则就很容易检测到其他格子的颜色。

（2）准备探测器造型

先准备"小点"造型：复制一个方块中的小格子，将其中心点放置在画布十字准星位置。按住 Alt 键，再用鼠标拖动控点，让造型围绕中心点（十字准星）缩小，如图 9-13 所示。

再准备其他方格造型：因为探测器"小点"造型检测到某种颜色后，需要在下方复制一个同颜色的方格，因此，还需要为探测器添加每种颜色的小方格造型，还有一个空白格造型（颜色和网格背景颜色一样）也要添加进来。

※ 注意：

要借助画布十字准星辅助线来精确地调整方格的位置，让方格的中心与十字准星辅助线重合。这样可以确保图章的小方格能位于满行格子的中间位置。

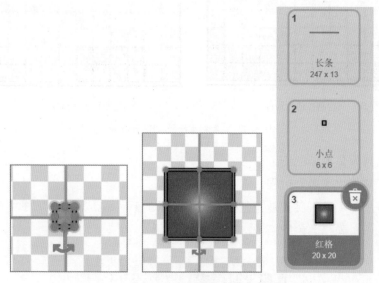

图 9-13　探测器造型准备

2. 理解双重循环

探测器"小点"造型先位于非满行上，然后自左向右逐格检测。这里需要一个重复结构，次数与网格的列数有关。当一行检测完后，还需要上移一行，重复同样的过程，接着再上移一行……直到网格顶部。显然，逐行上移还需要一个重复结构。

所以这里用到一个双重循环。因为网格有固定的行数和列数，循环有固定的次数，可以使用指定循环次数的结构，如图 9-14 所示。

※ 新任务：

编程实现摆放 5 行 10 列的小猫方阵，效果如图 9-15 所示。

这像不像教室里的座位排列或者同学们排队做操？

　　显然，这里用到了双重循环，如果优先考虑逐行摆放的话（也可以优先考虑逐列摆放），一共要摆 5 行，所以外层循环需要重复 5 次；每一行里要摆 10 列，所以里层循环需要重复 10 次。

　　先将小猫初始定位，在里层循环，每次都让 x 坐标增加 40，用图章复制小猫。当里层循环结束后，即一行复制完，再让小猫从左侧开始，即 x 坐标设置为起始位置 −200，然后让 y 坐标减少 50，即下移一行后，又重复里层循环……

图 9-14　双重循环结构　　　图 9-15　小猫方阵执行效果　　　图 9-16　小猫方阵的程序段

程序段如图 9-16 所示。

※ 注意：

程序里 x 坐标和 y 坐标每次增加的幅度是与小猫造型的宽度和高度值有关的。

了解了双重循环的执行过程，那么消除满行的流程图也就不难设计了。

9.2.3　流程设计

　　前面我们多次用到了自定义积木块，因为它可以让程序变得更加精简和可读。根据分析可知，消除满行时需要知道满行的最小行号、最大行号和满行行数。所以，建立自定义积木块时，需要传递 3 个参数，如图 9-17 所示。

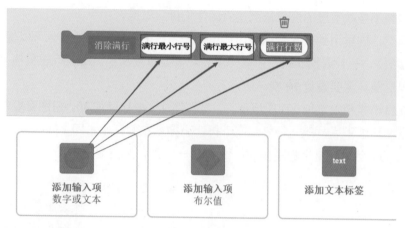

图 9-17　建立带参数的积木块

1. 让"小点"在网格左下角

"小点"造型的初始位置在哪里呢？我们可以约定其位置为左下方左侧的格子，具体的坐标值需要计算得来。

（1）计算"小点"探测器的 x 坐标

如图 9-18 所示，已知 L 方块初始造型为 L_1，位置是（-37,92），而且十字准星在造型的正中间位置。然后，再看此时 L 方块造型和探测器"小点"造型的相对位置。

L 方块造型中心点与"小点"中心点在水平方向上有"5 个格子 + 加半个格子"的距离，即小点的 x 坐标为：$-37-（5×20+10）=-147$。

（2）计算"小点"探测器的 y 坐标

同理，L 方块造型中心点与"小点"中心点在垂直方向上有"半个格子 +11 个格子 + 加半个格子"的距离，即小点的 y 坐标为：$92-（10+11×20+10）=-148$。

用"初始 x"和"初始 y"两个变量（适用于所有角色）来保存坐标值，以便后面使用。

2. 调用"消除满行"积木块

探测器判断一轮后，会在列表里添加满行的行号，然后调用"消除满行"积木块，同时传递 3 个参数：满行最小行号、满行最大行号以及满行行数，这 3 个参数可以通过列表指令取得。如图 9-19 所示，当列表不为空，说明有满行，再调用"消除满行"积木块。

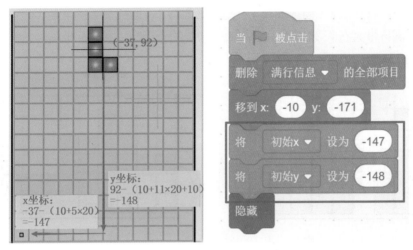

图 9-18　小点探测器坐标分析

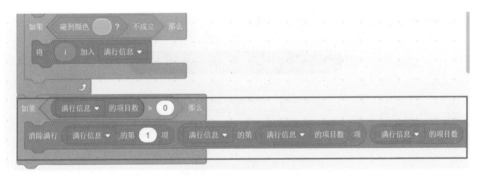

图 9-19　调用消除满行积木块的程序段

3."消除满行"过程设计

消除满行的总思路是：先将"小点"探测器定位在满行上方一行，然后自左向右逐格检测，将检测到的每个颜色在满行位置上逐格用图章复制。所以，这里还需要记住满行位置。因此，程序中用到两个变量，分别是"当前检测 y"和"当前图章 y"。

（1）探测器初始定位

探测器造型为"小点"，设定初始位置，即 x 坐标为"初始 x 坐标"，y 坐标为多少呢？如图 9-20（a）所示，当检测到行 2 满行且行 1 不满行时，y 坐标可以定位在行 3 上，"当前图章 y"可以设置为行 2。

再如 9-20（b）所示，当检测到行 1、行 2 都满行时，探测器"小点"造型需要定位在行 3 上，"当前图章 y" 则设置为行 1，即探测器的 y 坐标是"初始 y 坐标 + 满行最大行号 ×20"，"当前图章 y"的坐标是"初始 y 坐标 +（满行最小行号 −1）×20"。

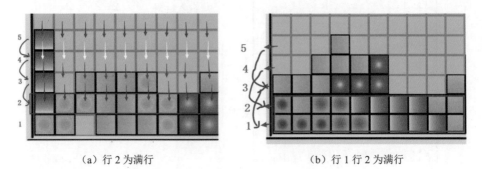

(a) 行 2 为满行　　　　　　　　　(b) 行 1 行 2 为满行

图 9-20　探测器初始定位效果

探测器初始定位流程图如图 9-21 所示。

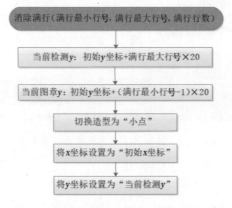

图 9-21　探测器初始定位流程图

（2）探测器逐行逐格检测

探测器逐行逐格检测流程图如图 9-22 所示。

（3）根据颜色切换不同造型

探测器在每个格子中都会侦测到相应的颜色，可以根据颜色切换成不同的格子造型。所以这里需要有多个判断条件。切换不同造型的流程图如图 9-23 所示。

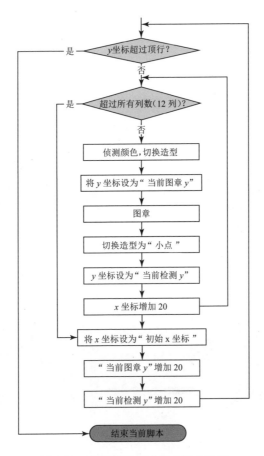

图 9-22 探测器逐行逐格检测流程图

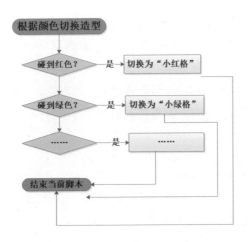

图 9-23 切换不同造型的流程图

9.2.4 编程实现

1. 编程实现

（1）检测一行和颜色侦测程序段

为了让程序段看起来更加结构化，这里应用了自定义积木块，如图9-24所示。

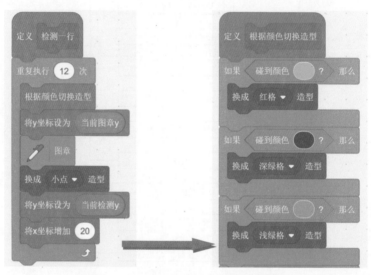

图 9-24　检测颜色切换造型的参考程序段

（2）消除满行指令块

如图9-25所示，注意：当"当前检测y"变量值超过130时，程序就终止。这里的"130"取决于网格在舞台上的具体位置，读者可以自行测试。另外，"根据颜色切换造型"积木块中的颜色，根据读者自己实际的方块颜色设置即可。

运行程序，观察有满行后，是否能够消除，上方的方块是否能够保持原样"下落"。如果还有不满意的地方，别着急，后面我们再来完善。

2. 程序完善

（1）解决图章位置偏差问题

如图9-26所示，一个格子被复制后，还在格子上方留下了一条黑线，这是为什么呢？这说明图章的位置有些靠下了，因此可以把"初始y"变量增加一个像素。

图 9-25 消除满行的完整参考程序段

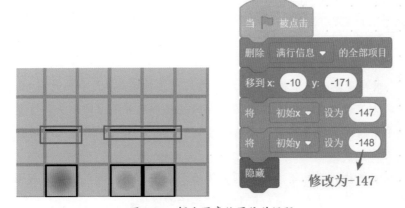

图 9-26 解决图章位置偏差问题

运行程序，测试一下，看问题有没有解决。

（2）实现积木块"运行时不刷新屏幕"

再运行程序，发现消除方块时，并不是瞬间消除，玩家还能看到消除的过程。这其实是因为打开了刷新屏幕选项。按如图 9-27 所示，勾选"运行时不刷新屏幕"复选框，再运行程序，刚才的问题是不是解决了？

图 9-27　设置"运行时不刷新屏幕"

到现在为止，判断满行和消除满行的功能已经实现，继续加油！

本章小结

在上一章的基础上，本章我们实现了判断满行与消除满行。
- 找出满行的特点从而分析探测器的造型特点。
- 编程实现判断满行，调试程序，进行完善。
- 理解动画的原理，探索消除满行的具体实现过程。
- 编程实现消除满行，调试程序，进行完善。

问与答

问：什么是视觉暂留现象？

答：人眼在观察当前景物时，光信号传入大脑神经，经过一段时间（0.1～0.4秒）之后，光信号消失，但人眼视网膜上的视觉形象并不立即消失。于是在继续观察下一个景物时，就会和前一个景物连贯起来，从而呈现出连续的动画效果。

问：逐个格子检测用长条线段合适吗？

答：用长条线段显然不合适，因为要检测每个格子的颜色，所以其面积要小于一个小格子，否则就很容易检测到其他格子的颜色。

第10章

项目功能扩展

技术的发展使我们的生活越来越方便!

以前家里每种电子设备都需要配各自的充电器,如今,有了多功能充电器,可以实现一线三充或者多充。再如电源插排,以前只能插两相或者三相插头,屋子里的插线板扯来扯去的。如今,插排上还提供了 USB 接口,甚至还有无线插座。不仅各种设备的功能增多了,而且节省了空间。

生活中的产品尚且更新换代,我们开发的小作品更需要不断扩展功能。

以前手机充电

现在手机充电

普通插排上用电太麻烦!

多功能插排,省时又高效!

到现在为止，俄罗斯方块游戏的核心功能，如方块下落、满行消除等功能已经实现了。本章我们来为游戏加上统计得分、倒计时、继续 / 暂停等模块，让游戏功能更强。

10.1 统计得分和计时

10.1.1 统计得分

1. 计分规则

前面我们确定了游戏的计分规则：如果一次只有一行满，得分增加 5 分；如果一次同时有 2 行满，得分增加 10 分；如果一次同时有 3 行满，得分增加 20 分；如果一次同时有 4 行满，得分增加 30 分。

因此，程序中需要根据满行的数量来统计得分。

2. 编程实现

建立"得分"变量，设为"适用于所有角色"，当绿旗被点击时，初始值为 0。

选中"探测器"角色，建立自定义积木块"统计得分"，在"当接收到判断满行"消息的最后，调用该积木块。统计得分的程序段如图 10-1 所示。

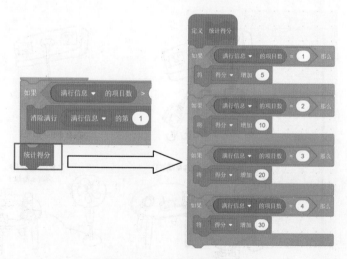

图 10-1　统计得分的程序段

运行程序，观察消除满行后，舞台上得分的增加是否正确。

10.1.2 计时功能

1. 计时规则

计时功能可以让游戏变得更具有挑战性，比如玩家单击"开始"按钮时就开始计时，如果到了 1 分钟，分数还没有达到 20 分，则游戏终止；如果分数达到了 20 分，游戏可以继续。在最后 20 秒的时候，可以实现响铃提醒。

2. 关联知识

（1）计时器指令

在"侦测"模块下有"计时器"和"计时器归零"两条指令。勾选"计时器"复选框，将其在舞台上显示出来，如图 10-2 所示，计时器数据在快速改变，单位为秒。

图 10-2　计时器指令

※ 测试程序：

单击绿旗时，计时器初值是多少？单击"终止"按钮后，计时器是否停止计时呢？如果需要将计时器清零的话，如何设置？

（2）计时器事件

在"事件"模块下，有一个指令是"当计时器大于……"。比如，当计时器大于 5 秒，就播放声音。播放一次声音的程序段如图 10-3 所示，运行程序 5 秒后，听到声音了吗？如果要求每隔 5 秒就播放一次声音，该如何实现呢？显然，计时器到达 5 秒后，需要归零，重新计时。每隔 5 秒播放声音的程序段如图 10-4 所示。

（3）倒计时变量

继续尝试，如果希望每隔 1 秒播放一次声音，如何操作呢？把 5 换成 1 就可以了。如果有一个变量，初始值为 5，每隔 1 秒让变量减去 1，程序段如图 10-5 所示。测试一下，程序的运行结果如何呢？

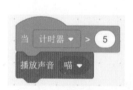 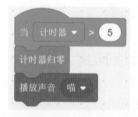

图 10-3　播放一次声音的程序段　　图 10-4　每隔 5 秒播放声音的程序段

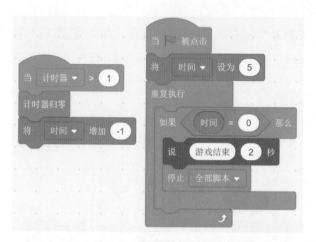

图 10-5　倒计时的程序段

　　运行程序发现，当"时间"变量为 0 时，程序终止运行了，但是该变量的值仍然在一直减少。显然是"计时器"本身惹的祸。因为计时器始终在工作，所以事件"当计时器大于……"指令也会一直被触发，所以"时间"变量就一直在改变。

　　解决办法：增加限定条件，如图 10-6 所示，只有当"时间 >0"的时候，每过 1 秒，就增加 -1；否则就不改变。

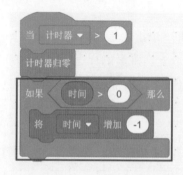

图 10-6　为计时器加上限制条件的相关程序段

3. 编程实现

（1）功能分析

建立"运行时间"变量，初值设置为0。当游戏开始时，每隔1秒，将其增加1。当"运行时间"超过1分钟，即1×60=60秒的时候，再判断一下此时的得分是否大于或等于20，如果是，就继续游戏；如果不是，终止游戏。并且在最后10秒时，给出声音提示。

（2）程序实现

为了能尽快测试出结果，可以先用小一点儿的数据，待测试完成后，再修改为所需的数据。如图10-7所示，当运行时间小于20秒时，每次将运行时间增加1秒；当大于10秒时，开始出现提示声音。

图10-8的程序段意味着：当运行时间为20且得分小于20时，游戏终止。

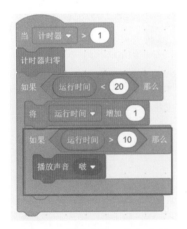

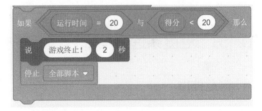

图 10-7 倒计时提醒的程序段　　　　图 10-8 倒计时和得分限制的程序段

※ 测试程序：

当绿旗被点击时，观察舞台上的"运行时间"变量有没有改变。

这种效果是否合理？如果按下"开始"按钮再计时，是不是更加合理？

（3）问题解决

如何知道此时是否按下了"开始"按钮呢？可以建立一个标志性变量，所谓标志性变量，即变量取值只能有两种情况，作为判断条件。比如建立变量"标志"，当绿旗被点击时，其初值为0；当按下"开始"按钮时，将其设置为1。

实现计时功能的程序段如图10-9所示。

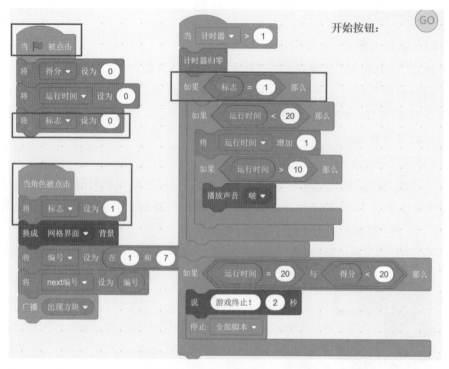

图 10-9　实现计时功能的程序段

10.1.3　进度条递减

1. 问题提出

当最后剩余时间为 10 秒时，如果还希望在舞台上方显示进度条消失的效果，该如何实现呢？我们可能会想到图章，不过图章可以一个一个地增加，却无法一个一个地擦除，因为 Scratch 中只提供了"全部擦除"指令。

还有一种方案，就是使用克隆。可以把进度条设置为一个小方块，起初克隆出 20 个小方块，并列摆放整齐，随着倒计时变量的逐渐减小，方块也可以相应地逐个被擦除。直到剩余时间为 0 时，进度条完全消失，游戏终止。

2. 准备素材

在绘图编辑器里找到"矩形"工具，建立一个填充颜色的矩形造型，将其放在舞台合适的位置上，角色名称设置为"进度条"，如图 10-10 所示，造型宽度为 7 像素，高度为 26 像素。

图 10-10 进度条造型

3. 算法分析

当"运行时间"大于 50（即最后剩余 10 秒）的时候，让"进度条"角色产生 10 个克隆体，水平摆放，组成一个长的进度条。运行时间每增加 1，进度条就消失一个克隆体，直到最后运行时间为 60，进度条全部消失。

如何让"运行时间"变量和每个进度条克隆体产生关联呢？需要给每个克隆体编制不同的编号，如 51、52、…、60。克隆体的编号不同，各自独立受控制。

如何让每个克隆体编号取值不同呢？在建立变量时，其适用范围选择"仅适用于当前角色"，如图 10-11 所示。

图 10-11 建立变量

※ 了解克隆体：

克隆体一旦生成，就是一个角色，和本体一样。所以，克隆体是有生命的。如果要为一个克隆体编制不同于本体的号码，那么就需要将"号码"变量设置为"仅适用于当前角色"。

4. 编程实现

（1）产生克隆体，并编号

选择"进度条"角色，当"运行时间变量"大于 50 的时候，本体隐藏，并克隆出 10 个克隆体。因为进度条造型的宽度是 7 像素，所以每次让本体移动 7 步，可以让克隆体有序地并列摆放。

再建立"进度条编号"变量（适用于当前角色），其初值为 51，那么本体克隆出的第一个克隆体对应的"进度条编号"就为 51。继续让变量增加 1，再次克隆，那么下一个克隆体的"进度条编号"就为 52……重复 10 次后，每个克隆体的"进度条编号"都有自己不同的值。程序段如图 10-12 所示。

图 10-12　产生进度条的程序段

那么谁来广播这个消息呢？现在有两段程序，如图 10-13 所示，你觉得哪一段程序可行呢？说说你的理由。

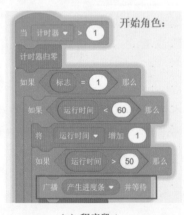

（a）程序段 1

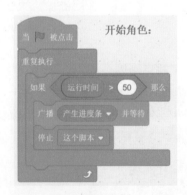

（b）程序段 2

图 10-13　广播"产生进度条"的程序段

显然，应该使用图 10-13（b）的程序。因为进度条显示只需要执行一次。但 10-13（a）中，"当计时器 >1"的事件是重复执行的，即使加上"停止这个脚本"也无济于事。因此，这种程序中的细节需要注意。

运行图 10-12 和图 10-13（b）的程序后，发现当运行时间超过 50 秒后，舞台上方出现了进度条，如图 10-14 所示。

（2）让进度条逐渐消失

当克隆体启动时，需要重复判断"运行时间是否等于进度条编号"，如果条件为真，那么就删除这个克隆体。程序段如图 10-15 所示。运行程序，观察游戏运行效果是否符合预期效果。

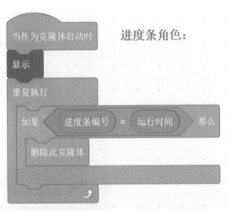

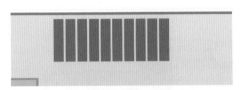

图 10-14 进度条显示　　　　图 10-15 进度条逐渐消失的程序段

游戏暂停和结束

10.2.1 游戏暂停 / 继续

1．功能分析

"暂停和继续"也是游戏所必备的功能，尤其对于竞技类游戏来说更为重要。比如玩家临时有事，又不想终止游戏，就可以按下"暂停"按钮，让程序保持现有的状态；等玩家回来再按下"继续"按钮时，又可以继续玩。

同理，也可以建立一个标志变量，比如"暂停标志"。当绿旗被点击时，将"暂停标志"变量设为 0；当按下"暂停"按钮后，变量值为 1。然后在程序中控制方块移动的位置加上条件限制即可。

2. 编程实现

（1）建立"暂停"角色

新建"暂停"角色，在造型编辑区绘制一个按钮，输入文字"暂停"，调整好颜色、字体和大小后，设置造型名为"暂停"。再复制这个造型，将文字修改为"继续"。这样，"暂停"角色就具有了两个造型，如图10-15所示。

（2）建立标志变量

建立变量"暂停标志"，当绿旗被点击时，初值为0。

当用户按下该角色，需要先判断此时的造型是"暂停"还是"继续"，如果是"暂停"造型，那么"暂停标志"变量为1，同时把造型切换为"继续"；如果用户按下时是"继续"造型，那么"暂停标志"就设置为0。

程序段如图10-16所示，这里使用了"外观"模块下的"造型编号"指令。

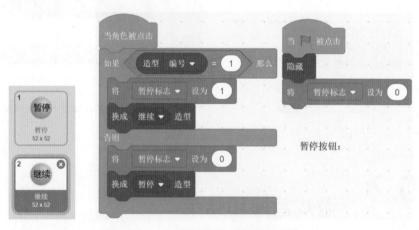

图 10-16　造型切换及变量赋值的程序段

运行程序，观察"暂停"按钮造型切换是否正常，"暂停标志"是否也有不同取值。

（3）为方块的移动添加条件

有了"暂停标志"变量后，每个方块角色的"下落、左移、右移、切换造型"前都加上判断条件。程序段如图10-17所示，切换造型的指令块请读者自行添加。

※ 测试程序：

多次运行程序，测试当按下了"暂停"按钮，L方块的移动是否都停止了？再次按下"继续"按钮，L方块是否又能继续移动了？如果L方块没有问题，再在其他方块角色上加上条件限制即可。

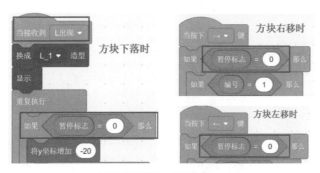

图 10-17　L 角色上指令修改的程序段

（4）隐藏"开始"按钮

"开始"按钮在网格界面出现后，应该隐藏起来，"暂停"按钮接着在该位置上出现，程序段如图 10-18 所示。运行程序，观察是否达到预期的效果。

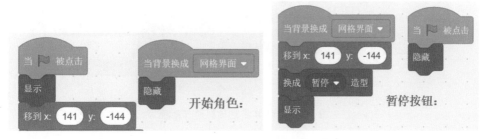

图 10-18　隐藏"开始"按钮的程序段

10.2.2　游戏结束

这款游戏何时结束呢？在计时模块中约定了在有限的时间内（60 秒），如果分数没有达到要求（20 分），那么游戏就结束；也可以约定当方块落下后达到了顶部位置，那么游戏结束……具体怎么约定，要看我们的规则设计，下面按照后者的设计来实现。

1. 分析与设计

在探测器逐行检测时，能够检测到一行是否满行。如果某行不满，那么可能有两种情况：一是该行有方块但是不满行，另一种是该行没有方块，即空行。这里把前者称为"非空行"。如果我们能统计出"非空行"的行数，而且约定当"非空行"行号到达了 14 行（一共 15 行），那么表示方块到达了最高处，于是游戏终止。

2. 编程实现

（1）计算非空行数

"非空行"的特点是：该行中一定有空白格颜色，但同时也会有其他颜色的方块。其他颜色方块数量不限，只要有其中的一个就可以，所以可以用"运算"模块下的"或"运算。

建立一个"寻找非空行"自定义积木块和一个"非空行"变量，并在"当接收到判断满行"消息里调用，如图 10-19 所示，"侦测颜色"的条件读者根据实际情况自行补充即可。

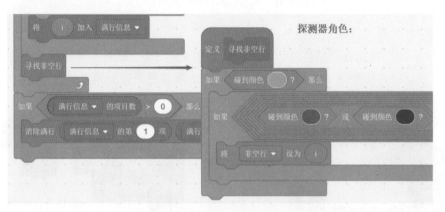

图 10-19　计算非空行数的程序段

（2）游戏结束

这里又用到了"控制"模块下的"等待……成立"指令，其含义是：只要指令中的条件成立，就执行后续指令；如果条件不成立，就一直等待。游戏结束判断的程序段如图 10-20 所示。

（3）显示分数

在舞台上使用鼠标右键单击"得分"变量，其变量的显示方式有 3 种，分别是：正常显示、大字显示和滑杆方式，如图 10-21 所示。其中，滑杆范围默认为 0 ～ 100，可以根据需要设置。

当游戏结束时，切换到"结束界面"，并将得分"大字显示"在相应位置上，如图 10-22 所示。因为最终得分需要在指定界面指定位置上显示，所以起初应该隐藏。当背景切换为"结束界面"时，将已有的"得分"值赋给"最终得分"变量，之后再显示"最终得分"。

游戏结束的相关程序段如图 10-23 所示。

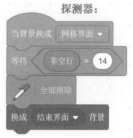

图 10-20　游戏结束判断的程序段

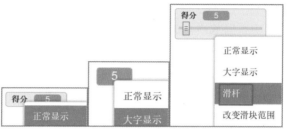

图 10-21　变量显示方式

图 10-22　游戏结束界面

图 10-23　游戏结束的相关程序段

10.3　其他功能实现

10.3.1　添加声音效果

1. 声音设计

一个游戏作品如果能加上声音，或长或短，在合适的时机出现，可以很好地提升用户的听觉体验。比如，在俄罗斯方块游戏中，可以在方块切换造型时、方块落地时、消除满行时加上不同的声音。

2. 添加声音

选中要播放声音的角色，打开指令区的"声音"选项卡，在添加声音的按钮中单击"选择一个声音"，可以看到 Scratch 中有很多声音文件。如图 10-24 所示，可以单击"播放"按钮试听，如果觉得某个声音合适，可以单击小喇叭选择该声音，然后单击"确定"按钮添加声音。当然，也可以一次性添加多个声音，同时按下 Shift 键即可。

图 10-24　添加声音

3. 编程实现

选中 L 方块角色，打开"声音"选项卡，为其添加一个声音，并修改名称为"切换造型"。再展开"声音"模块，找到"播放声音"的指令，将其拖放到"切换造型"的指令块，即"当按下上移键"时，先播放声音并等待播完，再进行造型切换。如图 10-25（a）所示。

运行程序，方块下落过程中每次切换造型时，是否有声音播放呢？

※ 思考：

1. "播放声音"指令为什么没有放到"编号 =1"条件成立的分支里呢？

2. 方块落地、消除满行时的声音指令放在什么位置合适呢？

你一定会发现，这其实取了个巧。当"按下上移键"，所有方块都会响应并执行下方的指令，所以，当时为了区分各个方块，增加了条件限制（判断编号大小）。如今，恰好可以利用这个特点，只在 L 方块里添加和播放声音。

同理，如果想让每个方块在落地后都能播放一个声音，可以找到所有方块都能执行的地方，即探测器角色里的"当接收到判断满行"，如图 10-25（b）所示。同理，在满行消除时也可以加上声音效果，程序段如图 10-25（c）所示。

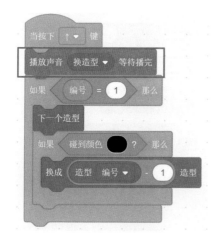

（a）造型切换时播放声音

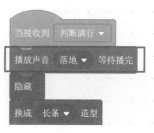

（b）方块落地时播放声音

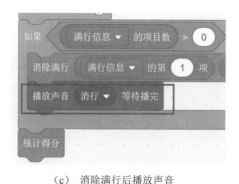

（c）消除满行后播放声音

图 10-25 设置播放声音的相关代码

10.3.2 视频侦测控制

Scratch 还提供了视频侦测模块，可以制作出类似体感游戏的效果。先建立一个新文件，了解视频侦测的基本指令，然后将其运用到俄罗斯方块游戏中。

1. 认识视频侦测

与添加"画笔"模块一样，首先在添加扩展里将"视频侦测"模块添加进来，如图 10-26 所示，相关指令如图 10-27 所示。

※ 注意：

体感游戏需要借助摄像头来捕捉人体动作，所以需要确保计算机安装了摄像头（笔记本电脑和一体机通常都有内置摄像头）。

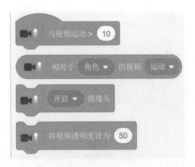

图 10-26　添加扩展　　　　　　　图 10-27　视频侦测指令

（1）摄像头开启 / 关闭

当绿旗被点击时，摄像头开启，调整画面的透明度（完全透明为 100%，0% 为不透明），5 秒后关闭摄像头，如图 10-28 所示。运行程序，观察效果。

也可以使用"镜像开启摄像头"，读者可以自行设置，体验两者的不同。

（2）计算机内置摄像头

有些计算机上内置了两个摄像头，这时 Scratch 通常会自动开启前置摄像头（能拍到玩家），如果想开启后置摄像头的话，可以参考如下步骤。

如图 10-29 所示，打开"计算机管理"窗口，找到"设备管理器"选项，在"系统设备"中找到摄像头选项，如图 10-30 所示，选中"Microsoft Camera Rear"选项，单击右键，在快捷菜单中选择"启用设备"，根据系统提示，最后重启计算机即可。

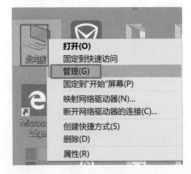

图 10-28　摄像头开启和关闭的程序段　　图 10-29　打开"管理"窗口

（3）侦测视频数据

如图 10-31 所示，利用视频侦测指令，可以侦测到指定角色或者舞台上的视频运动幅度或者方向角度值，动作幅度范围为 0 ～ 100 个单位，动作方向角度值范围为 -180 ～ 180 个单位。

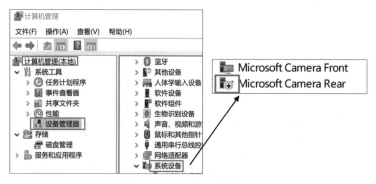

图 10-30　开启后置摄像头

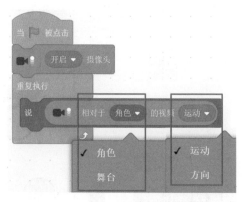

图 10-31　侦测视频运动的程序段

2. 体感控制方块换造型

试想，在舞台上添加一个按钮，摄像头如果侦测到玩家碰到了这个按钮，即视频运动幅度超过某个数值时，方块就切换造型。这样能让玩家活动一下身体！

（1）编写程序

添加"Drum Kit"角色，命名为"点我"，程序如图 10-32 所示，其他方块角色上对应的程序段如图 10-33 所示，这里以 L 方块为例。

（2）运行程序

程序运行效果如图 10-34 所示。程序执行到"当视频运动 >20"时，会自动打开摄像头，并侦测玩家碰到"点我"角色时的幅度是否大于 20，如果大于 20，就广播消息。

测试一下，方块的造型是否发生了改变。这样一来，游戏是不是变得更加有意思？

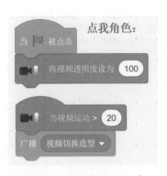

图 10-32　视频侦测的程序段

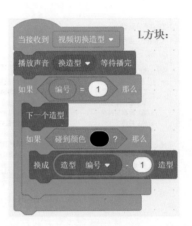

图 10-33　L 方块上接收消息的程序段

图 10-34　程序运行效果

本章小结

在前面章节的基础上，本章重点是为游戏加上统计得分、倒计时、继续/暂停等功能，让游戏功能更加完整。

- 分析游戏的计分规则，编程实现统计得分。
- 初识计时器指令和计时器事件，编程实现计时功能，并调试程序，进行完善。
- 分析进度条递减的过程，进行算法分析，编程并调试程序，解决问题。
- 分析游戏暂停和继续的功能，设计解决方案，编程实现功能。
- 为游戏添加其他功能，如声音效果和视频侦测控制。

问与答

问：计时器何时开始计时？

答：当绿旗被点击时，计时器会自动归零并开始计时，除非重复执行计时器归零，否则计时器是一直计时的。

问：本体与克隆体执行程序时有什么区别？

答：当一个角色使用了克隆功能，绿旗程序段归本体所有；当作为克隆体启动时，程序段归克隆体所有，其他事件程序段为本体和克隆体共有。

问：利用视频侦测模块制作体感游戏效果时需要注意什么？

答：体感游戏需要借助摄像头来捕捉人体动作，所以需要确保计算机安装了摄像头。有些计算机内置了两个摄像头，这时 Scratch 通常会自动开启前置摄像头，如果想设置为后置摄像头的话，可以更改计算机设备管理器中的设置。

第11章

项目测试与完善

　　我们从小到大经历过很多次考试，其实考试的目的是通过测验，查找出我们学习上存在的漏洞，从而及时补缺。

　　但现实中很多同学往往过分看重分数，忽略查漏补缺，这样就失去了考试的作用。

　　如果我们能把每次考试看做一次查漏补缺的机会，认真对待"补缺"的过程，那么知识基础肯定会愈加牢固。同样，程序写完后也需要多运行几次，测试一下是否存在其他问题。一个界面友好、性能优越、正确健壮的程序是我们所期望的！

耶,我太棒了！

她伤心！

我要把地分析错题

打球去啦！

又是这道题,上次讲的什么来着？

太好啦,幸亏之前分析错题

在软件开发的整个流程中，软件测试是产品交付使用前的最后一关。测试的目的是为了发现问题，一旦发现了问题，就需要调试，即查找与分析出错的原因，寻找解决办法。所以说，测试与调试是不分家的。

本章我们选取了 3 个代表性模块来介绍测试与调试的过程：一是所有方块随机出现时卡住问题的分析和解决，二是程序优化分析和性能提升问题，三是选用画笔绘制网格时整个程序的调试和修改过程。

11.1 方块卡住问题解决

到现在为止，我们一直让 L 方块和 J 方块打前锋，完成了这两个方块的下落、左右移动、切换造型、消行等功能，下面可以把这些程序段复制到其他方块角色上，并且将"开始"按钮中对应的变量取值范围修改为"在 1 和 7 之间取随机数"。

再来运行程序，发现有一些方块在下落时会出现"卡住问题"，如图 11-1 所示，即在不应该互相碰到的地方碰到了，并因此而执行图章了。

图 11-1　方块卡住问题

11.1.1 原因分析

前面我们曾经细致地调整了每个方块造型的位置，使每个方块的造型都对齐网格，但如今为何还会出现卡住问题呢？由于 Scratch 是一个图形化的编程工具，还无法像高级编程语言一样对图形大小和定位做到完全精确。

比如我们在调整方块造型的位置时，主要是靠眼睛观察，大致上对齐就可以了。如果方块位置之间相差 1 或 2 个像素，人眼基本察觉不到，但是对于方块来说，下落时就可能会"卡住"。

11.1.2 问题解决

1. 方块"瘦身"帮大忙

主要思路：让方块"缩小着"下落，让方块之间互相碰不到，待方块落下后，再恢复大小并执行图章。让我们来试一试！

选中方块（有卡住问题的），找到"外观"模块下的"将大小设为 100"的指令，这里的"100"指 100%，即大小为原来的 1 倍。如果设置为 98，表示大小为原来的 98%（0.98 倍），即缩小了 2%。

图 11-2 是 O 型方块的"瘦身"程序段：先把 O 型方块的大小缩小 2%，使其"瘦身"，并持续下落，当碰到黑色时，方块不再下落，而是恢复原来的大小（100%），再执行图章。

运行程序，检验一下该方块的"卡住"问题是否已解决。

2. 处理特殊造型

（1）问题分析

但对于有些造型，这种调整大小的方法似乎并不合适，如图 11-3 所示，S_2 造型即使缩小，依然会有卡住问题。这是为什么呢？

图 11-2　O 型方块瘦身下落的程序段

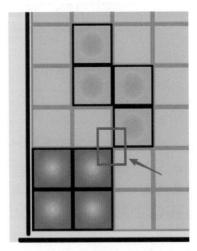

图 11-3　S 方块卡住问题

打开 S_2 造型，画布十字准星目前放在图形的中间位置，如图 11-4（a）所示。因此方块在缩小时，会以此为中心点从四周向中间位置聚拢，如图 11-4（b）所示。仔细观察，无论怎么聚拢，方块右下角内侧边缘的相对位置一直不变，所以仍然会碰到其他造型而"卡住"。

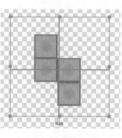 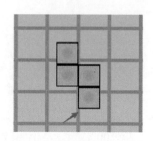

（a）中心点在中间　　　　　　　　（b）缩小后内侧边缘位置不变

图 11-4　问题分析

（2）解决方法

打开 S_2 造型，添加中心点辅助线，将 4 个小格子全部选中（按下 Shift 键并逐个单击可以实现多选），按下方向键将其移动，使十字准星离开造型的中心位置，如图 11-5（a）所示。这时再对该造型缩小，如图 11-5（b）所示，方块右下角内侧边缘的相对位置发生了改变，该处原先的"卡住问题"将得以解决。

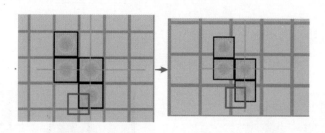

（a）调整造型位置　　　　　　　　（b）缩小后的效果

图 11-5　解决方法

类似的还有 Z 型方块，如图 11-6 所示，读者可以自行修改。

总之，为了避免方块下落的"卡住问题"，先确保造型尽可能地对齐网格，如果依然出现"卡住问题"，只能退而求其次，采用"瘦身策略"；如果方块"瘦身"后，依然有"卡住问题"，那么再调整特殊造型的中心点位置。

实际编程时需要根据这些不同的情况，来选用不同的解决方法。

※ 注意：

调整方块位置时需要足够仔细，这个时间是值得花费的。

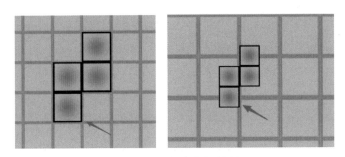

图 11-6　Z 方块类似问题

程序优化提高性能

一段程序虽然实现了预期功能，但这是最优化的吗？我们来分析"开始"按钮上"根据编号广播不同消息"的两种写法，比较它们各自的执行效率。

11.2.1　执行次数分析

如图 11-7（a）所示，是"开始"按钮上对应的程序。我们一共放置了 7 个并列的条件。其实还可以改写成 11-7（b）所示嵌套的条件结构。这两种方式各有什么优缺点？如何选用呢？

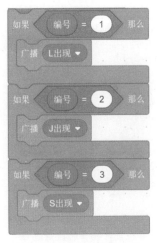

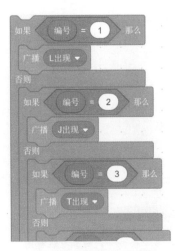

（a）多个条件并列的程序段　　　　　　（b）多个条件嵌套的程序段

图 11-7　实现同样功能的不同程序段

1. 多个条件并列判断

可以用流程图表示这种情况，如图 11-8 所示，一共有 7 种情况的判断。先找出两种极端情况：编号 =1，编号 =7，分析这两种情况下程序的执行过程。

如果编号恰好取 1，那么满足了条件"编号 =1"，因此，会广播消息"L 出现"。之后，还要进行后续的 6 次比较，显然这 6 次比较其实没有什么意义了。

当编号取值为 7 时，程序仍然需要从头开始逐个比较，前 6 次比较条件都为假，当比较到第 7 次时，条件为真，那么就广播消息"O 出现"。

推及一般，其实无论编号取值是多少，这 7 个条件都需要依次执行。显然，效率不是很高。

2. 多个条件嵌套判断

用"如果……那么……否则"嵌套来改写这个程序的话，流程图表示为图 11-9 所示。我们仍然考虑两种极端情况。

假如编号取值为 1，那么广播消息"L 出现"，之后直接从条件结构中退出，不需要再往下比较；如果编号为 7，则需要比较 6 次。

显然，总体来看，这种方式下条件比较的次数会有所减少。

图 11-8　多个条件并列的执行流程图

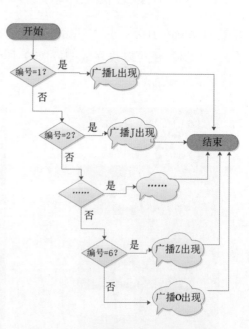

图 11-9　多个条件嵌套的执行流程

11.2.2　运行时间验证

刚刚我们分析了两段程序中指令的执行次数，下面再来分别测试这两段程序的执行时间。

1. 计算花费时间

建立 3 个变量：开始时间、结束时间和花费时间，初值均为 0。程序开始时把当前计时器的值赋给"开始时间"变量，程序结束后再用"结束时间"变量保存当前计时器的值；最后两个变量相减的结果，就是这段程序运行所花费的时间。

另外，因为计算机的运算速度特别快，对于小规模的程序，执行时间本身就很少，两种方法差异不明显。所以，我们有意将判断重复 20 次，甚至更多，将问题规模放大，这样容易比较出两者的差异。计算花费时间的程序如图 11-10 所示。

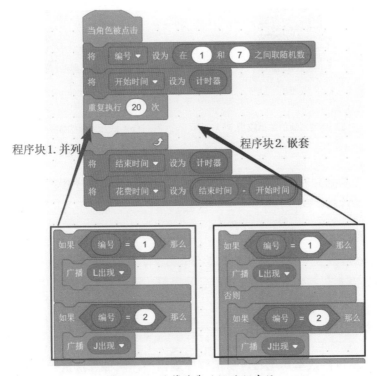

图 11-10　计算花费时间的程序段

2. 收集测试数据

先将程序块 1 放到循环结构中，单击"开始"按钮，观察舞台上变量"花费时间"

显示的数据，多次单击"开始"按钮运行程序，一共得到 6 个参考数据，把每个数据添加到列表"并列判断"中（提前建立），得到的数据如图 11-11（a）所示。

同样，再把程序块 2 放到循环结构中，用同样的方法得到 6 个数据并添加到列表"嵌套判断"中（提前建立），得到的数据如图 11-11（b）所示。

3. 数据统计分析

Scratch 中的列表可以导出为 txt 文本文件，方法为：将鼠标指针移到列表上，单击鼠标右键，选择"导出"命令，输入文件名及文件保存位置。之后可以用 Excel 软件打开这个文件，对这些数据求平均值（该过程省略，读者自行查阅）。

（a）并列判断的数据收集   （b）嵌套判断的数据收集

图 11-11　数据收集

最终，"并列判断"方法平均运行时间为 0.614 秒，"嵌套判断"方法平均运行时间为 0.603 秒。因此，结论是："嵌套判断"的方法优于"并列判断"的方法。

※ 注意：

可能你会说，0.614 和 0.603 相比，不就多了 0.011 秒吗？这种算法优化有必要吗？而且"嵌套判断"读起来并不容易理解，而"并列判断"则很容易理解。

11.2.3　综合分析选用

首先，从执行效率角度看，目前程序规模小，两种算法执行效率差别微小。但是，计算机有超强的存储能力和计算能力。在面对大规模的数据计算时，一个微小的差别可能就会影响整个程序的处理速度，所以程序的优化是十分必要的。

如果从可读性角度来看，我们会选择并列判断，它虽然效率不高，但很容易阅读和理解。所以，编程时可以根据实际的程序规模选用。

11.3 "编程画网格"方案

前面我们使用"画笔"指令编程绘制了网格。这种网格是否能够替换背景中的网格呢？我们来尝试一下，借此再体验和分析游戏从头至尾的运行过程。

11.3.1 绘制标准网格

1. 初始准备

打开"开始"按钮，将"当角色被点击"事件中的"换成网格界面"替换成"广播画网格并等待"，如图 11-12 所示。

再添加"Pencil"角色，当绿旗被点击，先隐藏。在舞台背景中建立一个"空白图片"背景，建立两个自定义积木块："画网格横线"和"画网格竖线"，如图 11-13 所示。

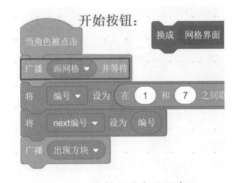

图 11-12 广播新消息的程序段

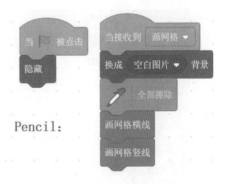

图 11-13 Pencil 角色上的程序段

2. 找准画笔起点坐标

为"Pencil"角色确定起始位置，其坐标定位在图 11-14 中的红点上。根据探测器造型的坐标（-147，-148），再根据目前的总行数和总列数，可以得知 Pencil 的 x 坐标值 =-147-10（半个格子宽度）=-157，y 坐标值 =-148+14×20+10=142。因此，"Pencil"的坐标值为（-157,142）。

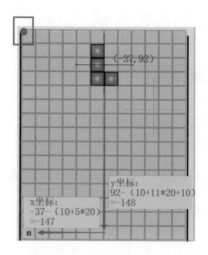

图 11-14　确定画笔起点坐标

3. 编程绘制网格

下面为前面建立的两个自定义积木块添加指令，程序段如图 11-15 所示。

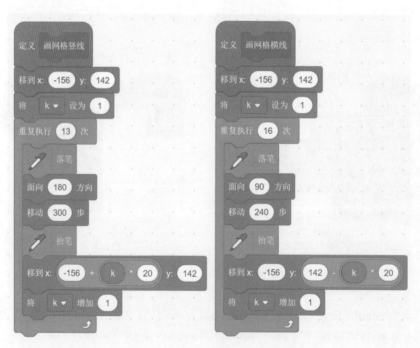

图 11-15　为积木块添加指令后的程序段

运行程序，当按下"开始"按钮后，在空白背景中绘制出网格线，之后方块随机出现，并且都能与目前的网格线对齐。（这里"Pencil"角色的 *x* 坐标值实际测试为 –156 比较合适。）

11.3.2 边界处理及消行

为了控制方块落下和左右移动，需要在网格下方、左右两侧绘制出 3 条线段，且颜色和"网格背景"中边线的颜色保持一致，可以查阅颜色值、饱和度和亮度值。

1. 绘制边界线

绘制底边边线对应的程序段如图 11-16 所示。在画完网格横线后，"Pencil"角色的 *y* 坐标会继续下移一行，因此画边线时将 *y* 坐标上移了 16 个像素，即其与网格最下面横线距离为 4 个像素。参考类似的方法再绘制左侧边线和右侧边线，程序段如图 11-17 所示。

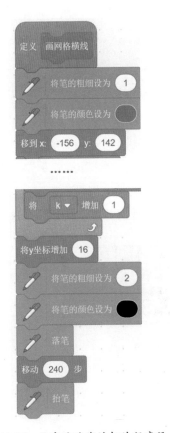

图 11-16 画底边边线的相关程序段

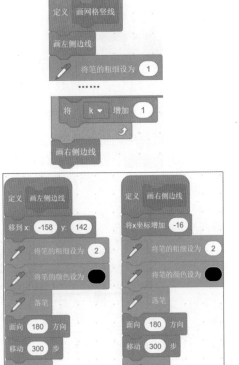

图 11-17 画左右侧边线的相关程序段

※ 运行程序：

观察方块下落时，当碰到底边边线或者其他方块时是否能落下，左右移动碰到两侧边线时是否会越界。

2. 满行功能测试

运行程序后，发现一切都正常，但是"满行信息"列表中却检测出了多个满行。再看看探测器角色中判断满行的程序，如图 11-18 所示。显然，条件中的颜色目前不存在，因此就检测不出来，从而程序误以为是满行，就把 i 变量加到了列表中。

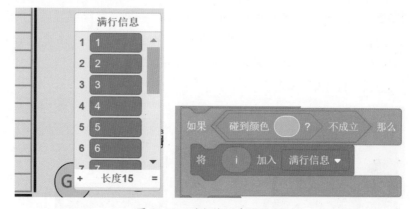

图 11-18　满行检测出现问题

为此，我们需要修改空白背景图片，使其颜色和以前空白格的颜色一致。

再运行测试程序，又出现了新的问题：即一行满了，探测器却没有检测出来，这是为什么呢？如图 11-19 所示，仔细观察，探测器长条造型是不是有些过长呢？把右侧边缘的颜色都侦测到了。缩短探测器的长条造型宽度，再运行程序。

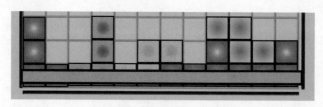

图 11-19　满行判断问题分析

所以，编程要足够仔细才行！

3. 消行功能测试

运行程序，发现满行可以正常消除，但是消除后复制的空白格子边缘颜色和绘制的网格边缘颜色有差异。所以，需要在探测器角色里复制"空白格"为"空白格 2"造型，然后将"空白格 2"造型轮廓颜色设置为程序中画笔的颜色值（55,80,72），如图 11-20 所示。

当消行时探测器碰到空白格颜色，就执行图章复制"空白格 2"。

别忘了，还需要将游戏结束相关指令所在的事件进行修改，程序段如图 11-21 所示。

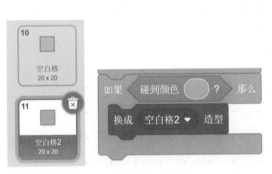

图 11-20　建立新的空白格

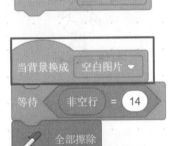

图 11-21　游戏结束事件修改的程序段

总之，一个问题通常会有多种解决方案，学习的时候如果能经常思考和尝试运用多种方案，会不断开阔我们的思路和视角。

11.3.3　常用调试技巧

不难发现，编程时程序出错是常事，关键是出错之后能耐心地分析原因。有经验的程序员能根据结果反向查找指令，急躁的程序员可能就是眉毛胡子一把抓，花费了大量时间却越改越乱。所以，程序出错时一定要有耐心。下面介绍几个程序调试的小技巧。

1. 回溯分析

回溯法是指从程序当前运行结果入手，倒推方向，查找指令，直到找到问题的原因。就像平时我们找东西一样，当你怎么也想不起放在哪里的时候，通常会问自己：上一次使用它是什么时候？使用过程如何？使用完放在哪里了？如果没有印象，可以继续回顾……

　　生活中，有时候要找一样东西，比如太阳伞，怎么也找不到，于是，我们就会回忆，上一次是什么时候用太阳伞，回忆当时的具体过程，慢慢地可能就想起来了。如图 11-22 所示。

图 11-22　找雨伞的过程

2. 小步调调试

　　编程是慢工活儿，通常编写完一小段程序后，就需要运行程序，观察结果和预想的是否一样，如果不一样要赶紧查找问题。等到这一小段没有问题后，接着再编程再调试。一定不要洋洋洒洒地写了很多条代码后再调试，因为代码越多，出现错误的几率就越大，查找问题的困难就越大。

　　与其这样，不如编写一小段程序后就立即调试，当出现问题时，针对性更强，能更快速地找到问题。

3. 邀请同伴试玩

　　除了程序语法和逻辑错误之外，程序中可能还会出现很多其他的问题。而我们往往很难发现自己作品中的问题。所以，建议将基本调试好的程序，尽量分享给同学试玩，每个人的玩法不同，可能很快就会发现问题。收集这些建议和反馈，然后再对程序做进一步的修改和完善。

　　到此为止，我们实现了俄罗斯方块游戏的基本功能，当然你可能还会有各种想法，比如设置关卡，不同关卡设置不同级别的难度，或者出现障碍物，使得方块既要下落还要躲避障碍物……随着编程水平的不断提高，这些功能都可以自行探索！

本章小结

　本章介绍了项目测试与完善，并通过几个实例加以详细说明。

- 分析方块卡住的原因，设计出"瘦身"方案，并编程实现。
- 通过对多个条件的"并列判断"和"嵌套判断"两种方法的分析和比较，初步体验程序效率比较的方法。
- 用"画笔"编程绘制网格作为新的方案，体验判断满行及消行过程中测试和调试的过程。

问与答

　问：嵌套算法和并列算法哪个更好呢？

　答：如果程序规模很大，算法执行效率应该作为优先考虑的指标；但如果程序规模不大，那么算法可读性则可以作为优先考虑的指标。

　问：同一个问题为何要设计多种解决方案？

　答：一个问题通常会有多种解决方案，学习的时候如果能经常思考和尝试运用多种方案解决问题，尝试分析它们的优劣，能不断开阔我们的思路和视角。

附录 A　绘制脑图

脑图也叫思维导图，是表达和梳理思维的一种可视化工具。可以在纸上绘制，也可以使用软件来绘制。网上可以找到很多类似软件，比如 Freemind、ProcessOn、亿图图示等。但是在编程时，除了需要做思维导图外，还需要绘制算法流程图，这里介绍使用亿图图示软件绘制思维导图的方法。访问官方网站http://www.edrawsoft.cn/，在"产品"栏找到"亿图图示在线版"，使用手机微信登录即可。

 **绘制思维导图**

打开亿图图示软件，执行"思维导图→新建空白画布"命令，如图 A-1 所示。

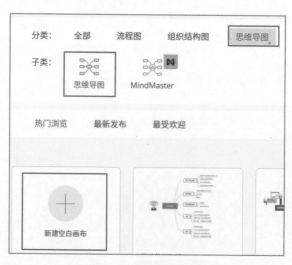

图 A-1　新建思维导图

再使用"主题、子主题……"添加内容，使用"样式"工具进行修饰，如图 A-2 所示。

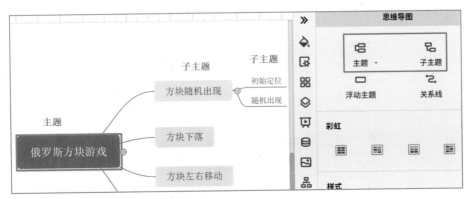

图 A-2　绘制思维导图

绘制完成后，可以保存文件，也可以导出为其他格式，如图 A-3 所示。

图 A-3　保存 / 导出文件

 **绘制流程图**

流程图是一种用程序框、流程线及文字说明来表示算法的图。利用亿图图示在线版提供的"流程图"绘制功能，可以快速制作出需要的流程图。

前面我们介绍了 3 种基本的流程结构：顺序结构、选择结构和循环结构。在绘制流程图时，需要把算法的流程结构表达出来。这里有一些约定的流程图符号及其功能，如图 A-4 所示。

程序框	名称	功能
	起止框(终端框)	表示一个算法的起始和结束，是任何流程图不可少的
	输入、输出框	表示一个算法输入和输出的信息，可用在算法中任何需要输入、输出的位置
	处理框(执行框)	赋值、计算，算法中处理数据需要的算式、公式等分别写在不同的用以处理数据的处理框内
	判断框	判断某一条件是否成立，成立时在出口处标明 "是" 或 "Y"；不成立时标明 "否" 或 "N"
	流程线	连接程序框

图 A-4　流程图符号及其功能

新建一个绘制流程图的画布，图 A-5 所示。根据图 A-4 中每个符号的功能，可以绘制出各种需要的流程图，如图 A-6 所示是方块左移的流程图。为了增加视觉效果，还可以为每个符号设置不同颜色。

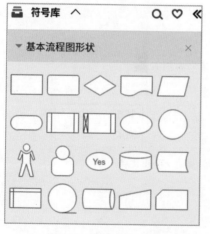

图 A-5　基本形状工具

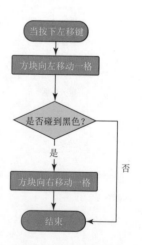

图 A-6　流程图样例

附录 B　矢量图和位图

在 Scratch 角色库中，有的角色造型是矢量图，有的角色造型则是位图。如果单击画布上的"放大"按钮，两种类别的造型被放大后有明显差异，如图 B-1 和图 B-2 所示。

图 B-1　矢量图被放大后

图 B-2　位图被放大后

矢量图和位图各自的组成原理是什么？为什么有这样的差别呢？

1. 位图和矢量图

（1）位图

位图，本质上是由很多个像素点组成的，因此也叫"点阵图像或位图图像"。用十字绣绣布网格可以帮助理解。

十字绣绣布呈网格状，通常有 9CT、11CT、14CT、16CT 等不同规格。这里的 CT 代表一英寸（2.54 厘米），9CT 代表一英寸长度上包含了 9 个小格子。图 B-3 是用游标卡尺对 14CT 规格绣布的实际测量方法。

图 B-4 中列出了 3 种规格的绣布，分别是：14CT、11CT、9CT，如果你是商家，你会向初学者推荐哪一种绣布呢？为什么？

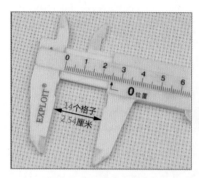 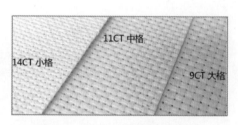

图 B-3　测量 14CT 绣布　　　　图 B-4　比较 3 种规格的绣布格子

同一幅十字绣成品，近看和远看的效果是一样的吗？有什么不同？

显然，远看起来，画布清晰；越近的话，小格子就会看得越清晰了。这就是图像的特点，即将其放大多倍后，会变得模糊不清。

（2）矢量图

通过数学公式计算出来的向量图，也称矢量图，其最大特点是无论放大多少倍，图形都会非常清晰，不会失真。矢量图文件占用空间小，但缺点也很明显，就是难以表现出色彩层次丰富的逼真图像效果。所以，通常在模型制作、辅助设计等领域使用得比较多。

2. 像素和分辨率

（1）像素

像素是构成位图图像最基本的单元，每个像素都有自己的颜色，像素越多，颜色信息就越丰富，图像效果就越好。十字绣绣布上面的小格子就可以理解为像素。我们在购买手机时，喜欢像素数高一些的，就是因为其图像会更加清晰。

所以，对于十字绣绣布来说，格子数量（像素点）越多，绣好的作品会越清晰，当然绣的过程中是更耗费时间的。所以，对于新手来说，商家一般都推荐大格子的绣布。

（2）分辨率

分辨率是单位长度内包含像素点的数量，通常以像素每英寸 ppi(pixels per inch) 为单位来表示。例如，分辨率为 72ppi 表示每英寸包含 72 个像素点。分辨率越高，包含的像素点就越多，图像就越清晰，但占用的存储空间就越大。

3. 颜色、饱和度和亮度

无论绘制位图还是矢量图，都需要设置颜色，具体指颜色、饱和度和亮度。

（1）基本概念

颜色：也叫色调，它决定颜色的基本特性，如红色、棕色、绿色等。

亮度：是指光作用于人眼时所引起的明亮程度的感觉。当亮度为 0 时，无论色调设置为多少，看到的都是黑色。就像在伸手不见五指的黑夜，看什么都是黑色的。

饱和度：也叫色度，是指颜色的纯度或深浅程度。对于同一色调的彩色光，饱和度越深，颜色就越鲜明或越纯。

（2）Scratch 设置方法

如图 B-5 所示，用鼠标单击填充处的颜色框 [步骤 1]，出现 4 个选项，默认选择第一项 [步骤 2]，将颜色滑块调到最左侧 [步骤 3]，此时颜色值为 0，再将亮度滑块调大 [步骤 4]，此时亮度为 100；然后，将鼠标指针移动到"饱和度"滑块上，向右拖动滑块，让饱和度由小变大，观察此时填充框中的颜色变化 [步骤 1]，显然，红色的纯度由小变大。

如果希望填充出渐进颜色的话，首先选中"选取工具"，在图 B-5 中找到 [步骤 2] 后面的"左右渐变"按钮，也就是图 B-6 中的 [步骤 1] 两种颜色方块 [步骤 2 和步骤 3]，分别单击，可以设置各自的颜色。观察此时"填充"项处的颜色，就是这两种颜色左右渐变的效果。同样，还可以产生上下渐变、由外向内渐变的效果 [步骤 4 和步骤 5]。如图 B-7 所示，是不同颜色的填充效果。

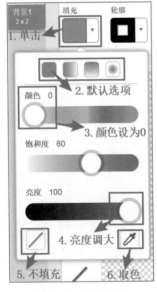

图 B-5　填充纯色

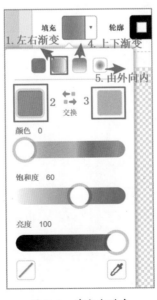

图 B-6　填充渐进色

图 B-7　填充效果

反侵权盗版声明

电子工业出版社依法对本作品享有专有出版权。任何未经权利人书面许可，复制、销售或通过信息网络传播本作品的行为；歪曲、篡改、剽窃本作品的行为，均违反《中华人民共和国著作权法》，其行为人应承担相应的民事责任和行政责任，构成犯罪的，将被依法追究刑事责任。

为了维护市场秩序，保护权利人的合法权益，我社将依法查处和打击侵权盗版的单位和个人。欢迎社会各界人士积极举报侵权盗版行为，本社将奖励举报有功人员，并保证举报人的信息不被泄露。

举报电话：（010）88254396；（010）88258888

传　真：（010）88254397

E-mail：dbqq@phei.com.cn

通信地址：北京市万寿路173信箱

电子工业出版社总编办公室

邮　编：100036